百年大计 教育为本

机械加工技术训练

主　编　徐为荣
副主编　丁云霞　蒋玉芳
主　审　赵光霞

北京理工大学出版社
BEIJING INSTITUTE OF TECHNOLOGY PRESS

内容简介

　　"机械加工技术训练"是中等职业教育、五年制高职教育机电类专业群或相近专业的基础技能训练课程之一，它与后续核心课程有着紧密的联系，是一门实用性较强的基础技能训练课程。通过本课程的学习，使学生了解钳加工、车削加工、铣削加工基本技能操作训练所属的相关基础知识，掌握基本技能操作的工艺要求，能够按照安全操作规程，正确使用相关机床设备。本书适合作为中、高等职业学校加工制造类专业的教材，也可供各专业师生和工程技术人员参考。

图书在版编目（CIP）数据

机械加工技术训练/徐为荣主编. —北京：北京理工大学出版社，2020.6（2022.12 重印）
ISBN 978 - 7 - 5682 - 8526 - 1

Ⅰ.①机… Ⅱ.①徐… Ⅲ.①金属切削 - 教材 Ⅳ.①TG506

中国版本图书馆 CIP 数据核字（2020）第 093122 号

出版发行／北京理工大学出版社有限责任公司
社　　址／北京市海淀区中关村南大街 5 号
邮　　编／100081
电　　话／（010）68914775（总编室）
　　　　　（010）82562903（教材售后服务热线）
　　　　　（010）68948351（其他图书服务热线）
网　　址／http：//www. bitpress. com. cn
经　　销／全国各地新华书店
印　　刷／涿州市新华印刷有限公司
开　　本／787 毫米×1092 毫米　1/16
印　　张／10. 75
字　　数／247 千字
版　　次／2020 年 6 月第 1 版　2022 年 12 月第 4 次印刷
定　　价／34. 00 元

责任编辑／梁铜华
文案编辑／梁铜华
责任校对／刘亚男
责任印制／李志强

图书出现印装质量问题，请拨打售后服务热线，本社负责调换

江苏联合职业技术学院院本教材出版说明

　　江苏联合职业技术学院自成立以来，坚持以服务经济社会发展为宗旨、以促进就业为导向的职业教育办学方针，紧紧围绕江苏经济社会发展对高素质技术技能型人才的迫切需要，充分发挥"小学院、大学校"办学管理体制创新优势，依托学院教学指导委员会和专业协作委员会，积极推进校企合作、产教融合，积极探索五年制高职教育教学规律和高素质技术技能型人才成长规律，培养了一大批能够适应地方经济社会发展需要的高素质技术技能型人才，形成了颇具江苏特色的五年制高职教育人才培养模式，实现了五年制高职教育规模、结构、质量和效益的协调发展，为构建江苏现代职业教育体系、推进职业教育现代化做出了重要贡献。

　　我国社会的主要矛盾已经转化为人们日益增长的美好生活需要与发展不平衡不充分之间的矛盾，因此我们只有实现更高水平、更高质量、更高效益、更加平衡、更加充分的发展，才能全面实现新时代中国特色社会主义建设的宏伟蓝图。五年制高职教育的发展必须服从服务于国家发展战略，以不断满足人们对美好生活需要为追求目标，全面贯彻党的教育方针，全面深化教育改革，全面实施素质教育，全面落实立德树人根本任务，充分发挥五年制高职贯通培养的学制优势，建立和完善五年制高职教育课程体系，健全德能并修、工学结合的育人机制，着力培养学生的工匠精神、职业道德、职业技能和就业创业能力，创新教育教学方法和人才培养模式，完善人才培养质量监控评价制度，不断提升人才培养质量和水平，努力办好人民满意的五年制高职教育，为决胜全面建成小康社会、实现中华民族伟大复兴的中国梦贡献力量。

　　教材建设是人才培养工作的重要载体，也是深化教育教学改革、提高教学质量的重要基础。目前，五年制高职教育教材建设规划性不足、系统性不强、特色不明显等问题一直制约着内涵发展、创新发展和特色发展的空间。为切实加强学院教材建设与规范管理，不断提高学院教材建设与使用的专业化、规范化和科学化水平，学院成立了教材建设与管理工作领导小组和教材审定委员会，统筹领导、科学规划学院教材建设与管理工作，制定了《江苏联合职业技术学院教材建设与使用管理办法》和《关于院本教材开发若干问题的意见》，完善了教材建设与管理的规章制度；每年滚动修订《五年制高等职业教育教材征订目录》，统一组织五年制高职教育教材的征订、采购和配送；编制了学院"十三五"院本教材建设规划，组织18个专业和公共基础课程协作委员会推进了院本教材开发，建立了一支院本教材开发、编写、审定队伍；创建了江苏五年制高职教育教材研发基地，与江苏凤凰职业教育图书有限公司、苏州大学出版社、北京理工大学出版社、南京大学出版社、上海交通大学出版社等签订了战略合作协议，协同开发独具五年制高职教育特色的院本教材。

　　今后一个时期，学院将在推动教材建设和规范管理工作的基础上，紧密结合五年制高职教育发展新形势，主动适应江苏地方社会经济发展和五年制高职教育改革创新的需要，以学院 18 个专业协作委员会和公共基础课程协作委员会为开发团队，以江苏五年制高职教育教材研发基地为开发平台，组织具有先进教学思想和学术造诣较高的骨干教师，依照学院院本教材建设规划，重点编写和出版约 600 本有特色、能体现五年制高职教育教学改革成果的院本教材，努力形成具有江苏五年制高职教育特色的院本教材体系。同时，加强教材建设质量管理，树立精品意识，制订五年制高职教育教材评价标准，建立教材质量评价指标体系，开展教材评价评估工作，设立教材质量档案，加强教材质量跟踪，确保院本教材的先进性、科学性、人文性、适用性和特色性建设。学院教材审定委员会将组织各专业协作委员会做好对各专业课程（含技能课程、实训课程、专业选修课程等）教材出版前的审定工作。

本套院本教材较好地吸收了江苏五年制高职教育最新理论和实践研究成果，符合五年制高职教育人才培养目标定位要求。教材内容深入浅出，难易适中，突出"五年贯通培养、系统设计"专业实践技能经验的积累，重视启发学生思维和培养学生运用知识的能力。教材条理清楚、层次分明、结构严谨、图表美观、文字规范，是一套专门针对五年制高职教育人才培养的教材。

学院教材建设与管理工作领导小组
学院教材审定委员会
2017 年 11 月

序 言

2015 年 5 月，国务院印发关于《中国制造 2025》的通知，通知重点强调提高国家制造业创新能力，推进信息化与工业化深度融合，强化工业基础能力，加强质量品牌建设，全面推行绿色制造及大力推动重点领域突破发展等，而高质量的技能型人才是实现这一发展战略的重要途径。

为全面贯彻国家对于高技能人才的培养精神，提升五年制高等职业教育机电类专业教学质量，深化江苏联合职业技术学院机电类专业教学改革成果，并最大限度地共享这一优秀成果，学院机电专业协作委员会特组织优秀教师及相关专家，全面、优质、高效地修订及新开发了本系列规划教材，并配备了数字化教学资源，以适应当前的信息化教学需求。

本系列教材所具特色如下：

● 教材培养目标、内容结构符合教育部及学院专业标准中制定的各课程人才培养目标及相关标准规范。

● 教材力求简洁、实用，编写上兼顾现代职业教育的创新发展及传统理论体系，并使之完美结合。

● 教材内容反映了工业发展的最新成果，所涉及的标准规范均为最新国家标准或行业规范。

● 教材编写形式新颖，教材栏目设计合理，版式美观，图文并茂，体现了职业教育工学结合的教学改革精神。

● 教材配备相关的数字化教学资源，体现了学院信息化教学的最新成果。

本系列教材在组织编写过程中得到了江苏联合职业技术学院各位领导的大力支持与帮助，并在学院机电专业协作委员会全体成员的一直努力下顺利完成了出版任务。由于各参与编写作者及编审委员会专家时间相对仓促，加之行业技术更新较快，教材中难免有不当之处，敬请广大读者予以批评指正，在此一并表示感谢！我们将不断完善与提升本系列教材的整体质量，使其更好地服务于学院机电专业及全国其他高等职业院校相关专业的教育教学，为培养新时期下的高技能人才做出应有的贡献。

江苏联合职业技术学院机电协作委员会
2017 年 12 月

前　言

"机械加工技术训练"是中等职业教育、五年制高职教育机电类专业群或相近专业的基础技能训练课程之一，它与后续核心课程有着紧密的联系，是一门实用性较强的基础技能训练课程。

通过本课程的学习，学生能够了解钳加工、车削加工、铣削加工基本技能操作训练相关基础知识，掌握基本技能操作的工艺要求，能够按照安全操作规程，正确使用相关机床设备。因此，在教材的编写过程中，编者贯彻了以技能训练为主线，以相关知识为支撑的思路，较好地处理了理论教学与技能训练的关系，切实落实了"简明、实用、够用"的教学指导思想，紧密联系生产实际和《国家职业资格标准》相关工种的要求，体现了科学性、实用性、代表性和先进性。综上所述，本书具有以下特点：

1. 凸显职教特色。针对职业教育对专业技能训练要求高的特点，紧扣培养目标，根据本专业学生面向的职业岗位群相关职业素养的要求来组织课程结构与内容。

2. 实现课程的模块化结构。综合相关学科内容，加大了教学内容整合力度，为不同专门化方向的培养和增强各校教学的自主性、灵活性留有空间。

3. 体现以能力为本位的职教理念。删除与学生将来从事的工作关系不大的纯理论性的教学内容以及繁冗的计算，以学生的"行动能力"为出发点组织教材。

学时分配建议：

序号	内容	总学时	讲课	技能操作	其他
1	单元一　钳加工技术	30	8	20	2
2	单元二　车削加工技术	30	10	18	2
3	单元三　铣削加工技术	30	10	18	2
	小计	90	28	56	6

全书共分三个单元，每个单元设计一定的项目，每个项目后均附有拓展知识、案例，全书采用了最新国家标准与术语。

本书由徐为荣任主编，丁云霞、蒋玉芳任副主编。单元一由江苏省锡山中等专业学校的徐为荣编写，单元二由江苏省锡山中等专业学校的徐为荣和丁云霞编写，单元三由江苏省锡山中等专业学校的蒋玉芳编写。全书由江苏省镇江机电高等职业技术学校的赵光霞主审。

本书作为中、高等职业教育"工学结合、校企合作"人才培养模式教学改革系列教材，在推广使用过程中，非常希望得到其教学适用性反馈意见，以便不断改进与完善。由于编者水平有限，书中错漏之处在所难免，敬请读者批评指正。

目 录

目 录 >>>

目录

单元一 钳加工技术

在实际生产和生活中，人们使用了各种各样的机械设备，如日常生活中的洗衣机、缝纫机，交通运输中的汽车、火车、轮船、飞机，建筑施工中的起重设备，机械加工中的各种机床等。这些机械设备无论结构复杂与否，都是通过零件的加工、装配而成的。为了完成整个生产过程，机械制造工厂一般有铸工、锻工、焊工、热处理工、车工、钳工、铣工、磨工等多个工种。其中，钳工是起源较早、技术性较强的工种之一。

一、钳工概述

钳工是使用钳工工具或设备，主要从事工件的划线与加工、机器的装配与调试、设备的安装与维修以及工具的制造与修理等工作的工种。在机械制造过程中，采用机械加工方法不太适宜或难以解决的工作，都要由钳工来完成。钳工的特点是以手工操作为主，灵活性强，工作范围广，技术要求高，操作者的技能水平对产品质量的影响大。

二、钳工的分类

随着科学技术的飞速发展，机械制造正在经历着从技艺型的传统制造技术向自动化、最优化、柔性化、绿色化、智能化、集成化和精密化方向发展的转变。各种新工艺、新设备、新技术、新材料的大量出现与推广应用，客观上使钳工的工作范围越来越广泛，分工也越来越细，对钳工的技术水平也提出了更高的要求。

根据《中华人民共和国职业分类大典》，钳工分为装配钳工、机修钳工和工具钳工三类。装配钳工是指通过操作机械设备、仪器、仪表，使用工装、工具，进行机械设备中的零件、组件或成品的组合装配与调试工作的人员。机修钳工是指从事设备机械部分的维护和修理工作的人员。工具钳工是指操作钳工工具、钻床等设备，对刃具、量具、模具、夹具、辅具等（统称工具，也称工艺装备）进行零件加工和修整、组合装配、调试与修理工作的人员。无论哪种钳工，都应当掌握扎实的专业理论知识，具备精湛的划线、錾削、锯削、锉削、钻孔、扩孔、锪孔、铰孔、攻螺纹、套螺纹、刮削、研磨以及机器的装配与调试、设备维修、工件检测和简单的热处理等钳工操作技能。

三、钳工实训安全文明生产

在现代工业生产中，作为一名钳工，要增强"安全第一，预防为主"的意识，严格遵守安全操作规程，养成文明生产的良好习惯。

（1）进入钳工实训场地必须穿工作服，严禁穿拖鞋或凉鞋。女生在操作机床时必须戴工作帽，并将头发扎在帽子里。严禁戴手套操作机床。

（2）不迟到、不早退、不无故缺席，不擅自离开工作岗位。不允许在实训场地内吃零食，严禁大声喧哗、追逐嬉闹和持工具打闹。爱护实训场地的设备设施。

（3）认真训练，服从指挥，严格遵守操作规程，严禁动用与实训无关的机床设备。使用的机床和工具要经常检查，发现故障应及时报修，在修复前不得使用。

（4）要使用毛刷等其他工具清除切屑，不得直接用手清除，严禁用嘴吹。

（5）妥善保管好工量具。工量具的摆放应遵循方便、安全、合理的原则。手锤、锯弓等工具，应平稳地放在钳台上，不要将手柄露在外面。量具不能与工具或工件混放在一起。使用量具时，要轻拿轻放，防止磕碰。量具用完后，应擦拭干净，放入盒内。工量具收藏时，要整齐地放入工具箱内，不要随意堆放，以防损坏和取用不便。

（6）毛坯和已加工的零件应放置在规定的位置，排列要整齐、平稳，保证安全，便于取放，并避免碰伤工件的已加工表面。

（7）严格遵守高空作业、多人作业、吊装作业的安全操作规程。

（8）工作完毕，必须清理工作场地，将工量具和零件整齐地摆放在指定位置上，切屑、油、水要及时消除。同时，切断电源，并做好设备清洁和日常维护工作。

四、钳工常用设备介绍

1. 钳工工作台

如图1-1所示，钳工工作台也称钳桌，用来安装台虎钳和存放工量具，高度一般为800~900 mm。钳口离地高度以恰好与人的手肘平齐为宜。

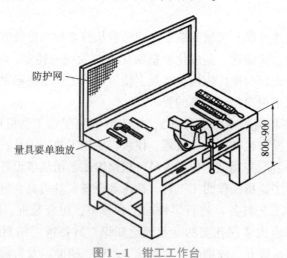

防护网

量具要单独放

800~900

图1-1　钳工工作台

2. 台虎钳

如图1-2所示，台虎钳是用来夹持工件的，一般由固定钳身、活动钳身、螺母、夹紧盘、转盘座、夹紧手柄和丝杠组成。台虎钳安装在钳桌上，安装时必须使固定钳身的钳口处于钳桌边缘以外，用来保证垂直夹持长条形工件。它的工作原理是利用螺旋传动来夹紧和松开工件。台虎钳的规格是用钳口宽度表示的，常用的规格有 100 mm、125 mm、150 mm 等。

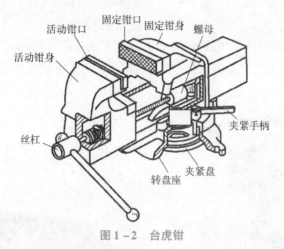

图 1-2 台虎钳

3. 砂轮机

如图 1-3 所示，砂轮机是用来磨削各种刀具和工具的，如磨削錾子、钻头、刮刀等，主要由砂轮、电动机、机座、托架和防护罩组成。

图 1-3 砂轮机

砂轮是由磨料与黏结剂等黏结而成的，质地硬而脆，工作时转速较高，因此使用砂轮机时应遵守安全操作规程，严防发生砂轮碎裂和人身伤亡事故。因此，在操作时应注意以下几点：

（1）砂轮的旋转方向应启动正确，要与砂轮罩上的箭头方向一致，使磨屑向下方飞离砂轮与工件。

（2）砂轮启动后，要稍等片刻，待砂轮转速达到工作转速以后再进行磨削。

（3）操作者应站在砂轮的侧面或斜侧面进行磨削，严禁站在砂轮的正面操作，以防砂轮碎片飞出伤人。

（4）磨削刀具或工件时，不能对砂轮施加过大的压力，并严禁用刀具或工件对砂轮进行猛烈的冲击，以免砂轮破碎。

（5）砂轮机的托架与砂轮间的距离一般应保持在 3 mm 以内，间距过大容易将刀具或工件挤入砂轮与托架之间，造成事故。

（6）砂轮正常旋转时较平稳，无振动。砂轮外缘跳动较大，使砂轮机产生振动时，应停止使用，并及时修整砂轮。

4. 台钻

台钻如图 1-4 所示，钻床代号用字母 z 表示，其最后两位数表示钻床能卡装钻头的最大直径。一般台钻用来钻 $\phi 12$ mm 以下的孔。

5. 角向磨光机

电动角向磨光机（简称角磨机）利用高速旋转的薄片砂轮以及橡胶砂轮、钢丝轮等对金属构件进行磨削、切削、除锈、磨光加工。角磨机适合用来切割、研磨金属与石材，作业时不可使用水。

角磨机按照所使用的附件规格划分为 100 mm、125 mm、150 mm、180 mm 及 230 mm 等类型，欧美国家普遍使用的角磨机规格为 115 mm。手持式电动角磨机（简称"手持式角磨机"）如图 1-5 所示。

图 1-4　台钻

图 1-5　手持式角磨机

1）手持式角磨机的操作规程

操作人员经过培训并考试合格后，才能操作手持式角磨机进行作业。使用前要仔细检查手持式角磨机是否由于运输搬动而受到损伤，角磨片的压紧螺母是否拧紧，角磨片有无裂纹、变形或受潮，防护罩的安装是否正确、可靠（使用金属丝轮或抛光轮时，可拆下防护罩），电源线有无破损漏电。使用前应使手持式角磨机空转片刻，检查手持式角磨机有无异常噪声或火花，开关是否灵活、可靠，角磨片运转是否平稳。操作时要始终戴好防护眼镜，不准将砂轮与工件猛撞，必须逐渐加压，并匀速摆动，使角磨片不受冲击，避免角磨片爆炸。切割作业不准横向摆动。手持式角磨机在工作中需要短暂间歇时，不必停机，避免频繁启动；停机后必须等角磨片停止转动后，才能放下手持式角磨机。当发现声音不正常、电刷火花过大、温升过高或有异味等现象时，要立即停止使用，拔下电源插头，查明原因，检修后方可继续使用。严禁在有爆炸性气体或有火灾危险的场所使用手持式角磨机，下雨天禁止使用手持式角磨机，严禁利用电缆提拿手持式角磨机。对手持式角磨机，严禁乱丢乱放，保存时注意防潮，使用前须烘烤。不准拆卸防护装置，禁止使用不配套的砂轮。

2）手持式角磨机的应用

（1）打磨。角磨片与工件保持 15° 左右的角度，部分接触，效果最佳，如图 1-6 所示；为避免工件过热、脱色或起纹，施加轻力，使机身前后移动；切勿选用切割片进行打磨。为避免火花及磨屑飞溅到身上，可根据角磨片的旋转方向，选择适当的方式持机。打磨金属时会产生火花，所以在火花散射范围内，严禁存放任何可燃物料，以免发生火灾。

（2）切割。切割片与工件切割面垂直，切角要漂亮、干净，如图 1-7 所示；切勿在切割片的侧面施压。切割轮廓及方管时，从最小横截面开始；切割石材时，必须使用导引板。操作工具时必须注意切割方向，推动工具的方向必须与工具旋转方向相反。

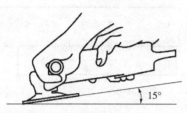

图1-6　角磨片与工件之间的角度

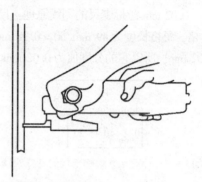

图1-7　用手持式角磨机切割工件

五、钳工常用量具介绍

量具是检验或测量工件、产品是否满足预先确定的条件而使用的工具，如测量长度、角度、表面质量、形状及各部分的相关位置等。量具的种类很多，钳工常用的有游标卡尺、游标万能角度尺、千分尺、百分表和塞尺等。

1. 游标卡尺

游标卡尺是一种常用的中等精度的量具，使用简便，应用范围很广，可以用来测量工件的外径、内径、长度、宽度、厚度、深度及孔距等。

尺身以1 mm为格距，刻有尺寸刻度。其刻度全长即游标卡尺的规格（最大测量范围），如0～125 mm、0～200 mm、0～300 mm等。

1）游标卡尺的结构

图1-8所示是常用游标卡尺的结构形式。游标尺卡由尺身（主尺）、游标（副尺）、固定量爪、活动量爪、止动螺钉等组成。分度值有0.05 mm、0.02 mm两种。

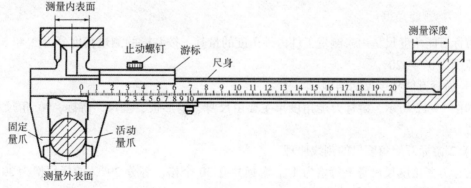

图1-8　常用游标卡尺的结构形式

2）游标卡尺的刻线原理

0.05 mm游标卡尺的刻线原理：尺身上每一格的长度为1 mm，游标总长为19 mm，并等分为

20 格，每格长度为 19 mm/20 = 0.95 mm，则尺身 1 格和游标 1 格长度之差为 1 mm – 0.95 mm = 0.05 mm，所以它的分度值为 0.05 mm。0.05 mm 游标卡尺的刻线原理如图 1 – 9 所示。

0.02 mm 游标卡尺的刻线原理：尺身上每一格的长度为 1 mm，游标总长为 49 mm，并等分为 50 格，每格长度为 49 mm/50 = 0.98 mm，则尺身 1 格和游标 1 格长度之差为 1 mm – 0.98 mm = 0.02 mm，所以它的分度值为 0.02 mm。0.02 mm 游标卡尺的刻线原理如图 1 – 10 所示。

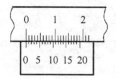
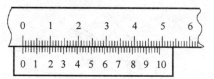

图 1 – 9 0.05 mm 游标卡尺的刻线原理   图 1 – 10 0.02 mm 游标卡尺的刻线原理

3）游标卡尺的读数方法

首先读出游标零刻线左尺身上的整毫米数，再看游标上从零刻线开始第几条刻线与尺身上某一刻线对齐，其游标刻线数与分度值的乘积就是不足 1 mm 的小数部分，最后将整毫米数与小数相加就是测得的实际尺寸。游标卡尺的读数方法如图 1 – 11 所示。

（a）   （b）

图 1 – 11 游标卡尺的读数方法

（a）41 mm + 11 × 0.05 mm = 41.55 mm；（b）43 mm + 13 × 0.02 mm = 43.26 mm

4）注意事项

（1）测量前，应将游标卡尺擦干净，检查量爪贴合后尺身与游标的零刻线是否对齐。

（2）测量时，所用的推力应使两个量爪紧贴接触工件表面，用力不宜过大。

（3）测量时，不要使游标卡尺歪斜。

（4）在游标上读数时，要正视游标卡尺，避免产生视线误差。

2. 游标万能角度尺

游标万能角度尺是用来测量工件内外角度的量具，按游标的测量精度分为 2′ 和 5′ 两种，测量范围为 0° ~ 320°。

1）游标万能角度尺的结构

如图 1 – 12 所示，游标万能角度尺主要由尺身、扇形板、基尺、游标、90°角尺和卡块等组成。

2）2′游标万能角度尺的刻线原理

游标万能角度尺尺身上每格为 1°，游标共有 30 个格，等分 29°，游标每格为 29°/30 = 58′，尺身 1 格和游标 1 格之差为 1° – 58′ = 2′。

3）游标万能角度尺的读数方法

游标万能角度尺的读数方法与游标卡尺的读数方法相似，先从尺身上读出游标零刻线前的整度数，再从游标上读出角度数，两者相加就是被测工件的角度数值。

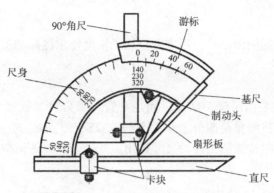

图 1-12 游标万能角度尺的组成

4）游标万能角度尺的测量范围

如图 1-13 所示，在游标万能角度尺的结构中，由于直尺和 90°角尺可以移动和拆换，因此游标万能角度尺可以测量 0°~320°的任何角度。

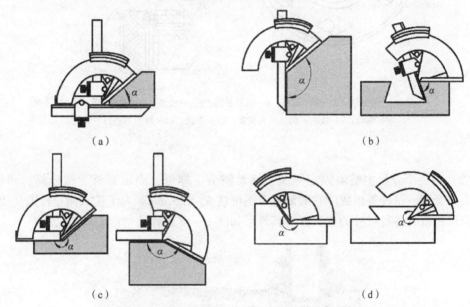

图 1-13 游标万能角度尺的测量范围

（a）$\alpha=0°\sim50°$；（b）$\alpha=50°\sim140°$；（c）$\alpha=140°\sim230°$；（d）$\alpha=230°\sim320°$

5）注意事项

（1）使用前，检查游标万能角度尺的零位是否对齐。

（2）测量时，应使游标万能角度尺的两个测量面与被测工件表面在全长上保持良好的接触，然后拧紧制动器上的螺母进行读数。

（3）测量角度在 0°~50°范围内，应装上 90°角尺和直尺。

（4）测量角度在 50°~140°范围内，应装上直尺。

（5）测量角度在 140°~230°范围内，应装上 90°角尺。

（6）测量角度在 230°~320°范围内，不装 90°角尺和直尺。

3. 千分尺

千分尺是一种精密的测微量具，用来测量加工精度要求较高的工件尺寸，主要有外径千分尺和内径千分尺两种。

1）千分尺的结构

（1）外径千分尺主要由尺架、砧座、固定套管、微分筒、锁紧手柄、测微螺杆、测力装置等组成。它的规格按测量范围分为 0～25 mm、25～50 mm、50～75 mm、75～100 mm、100～125 mm 等，使用时按被测工件的尺寸选用。外径千分尺的结构如图 1－14 所示。

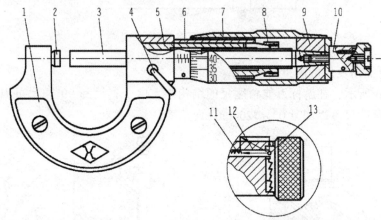

1—尺架；2—砧座；3—测微螺杆；4—锁紧手柄；5—螺纹套；6—固定套管；7—微分筒；
8—螺母；9—接头；10—测力装置；11—弹簧；12—棘轮爪；13—棘轮。

图 1－14　外径千分尺的结构

（2）内径千分尺主要由固定测头、活动测头、螺母、固定套管、微分筒、调整量具、管接头、套管、量杆等组成。它的测量范围可达 5～125 mm。为了扩大测量范围，成套的内径千分尺还带有各种尺寸的接长杆。其外形如图 1－15 所示。

图 1－15　内径千分尺

2）千分尺的刻线原理

千分尺测微螺杆上的螺距为 0.5 mm，当微分筒转一圈时，测微螺杆就沿轴向移动 0.5 mm。固定套管上刻有间隔为 0.5 mm 的刻线，微分筒圆锥面上共刻有 50 个格，因此微分筒每转一格，螺杆就移动 0.5 mm/50 ＝0.01 mm，因此该千分尺的分度值为 0.01 mm。

3）千分尺的读数方法

首先读出微分筒边缘的在固定套管上的毫米数和半毫米数，然后看微分筒上哪一格与固定套管上的基准线对齐，并读出相应的不足半毫米数，最后把两个读数相加起来就是测得的实际尺寸。千分尺的读数方法如图 1－16 所示。

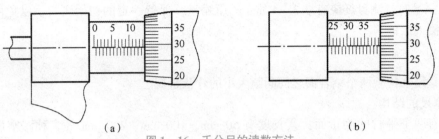

图 1-16 千分尺的读数方法

（a）14 mm + 0.29 mm = 14.29 mm；（b）39 mm + 0.29 mm = 39.29 mm

4）注意事项

（1）测量前，转动千分尺的测力装置，使两侧砧面贴合，并检查是否贴合紧密，同时检查微分筒与固定套管的零刻线是否对齐。测量时，在转动测力装置时，不要用大力转动微分筒。

（2）测量时，砧面要与被测工件表面贴合并且测微螺杆的轴线应与工件表面垂直。读数时，最好不要取下千分尺进行读数。如确需取下，应首先锁紧测微螺杆，然后轻轻取下千分尺，防止尺寸变动。读数时，不要错读 0.5 mm。

4. 百分表

百分表是一种指示式测量仪，用来检验机床精度和测量工件的尺寸、形状和位置误差，它的分度值为 0.01 mm。

1）百分表的结构

如图 1-17 所示，百分表一般由触头、测量杆、齿轮、指针和表盘等组成。

图 1-17 百分表的组成

2）百分表的刻线原理

当测量杆上升 1 mm 时，百分表的长针正好转动一周，由于百分表的表盘上共刻有 100 个等分格，所以长针每转一格，测量杆移动 0.01 mm。

3）百分表的读数方法

测量时长指针转过的格数即测量尺寸。

4）注意事项

（1）测量前，检查表盘和指针有无松动现象。

（2）测量前，检查长指针是否对准零位，如果未对齐，则要及时调整。

（3）测量时，测量杆应垂直工件表面。如果测量柱体，测量时测量杆应对准柱体轴心线。

（4）测量时，测量杆应有 0.3 ~ 1 mm 的压缩量，保持一定的初始测力，以免由于存在负偏差而测不出值来。

5. 塞尺

塞尺是用来检验两个结合面之间间隙大小的片状量规。

1）塞尺的结构

塞尺有两个平行的测量面，其长度有 50 mm、100 mm、200 mm 等多种。塞尺一般由 0.01 ~ 1 mm 厚度的薄片组成，如图 1 – 18 所示。

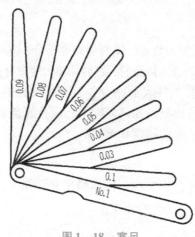

图 1 – 18　塞尺

2）注意事项

（1）使用时，应根据间隙的大小选择塞尺的薄片数，可将一片或数片重叠在一起使用。

（2）由于塞尺的薄片很薄，容易弯曲和折断，因此测量时不能用力太大。

（3）不要测量温度较高的工件。

（4）塞尺使用完后要擦拭干净，并及时放到夹板中。

思考与练习

练习 1　游标卡尺的测量

练习要求：

（1）用游标卡尺测量内径、外径、孔深、台阶及中心距等尺寸。

（2）通过实物测量，熟悉游标卡尺的结构，掌握游标卡尺的用法，并能快速、准确地读出读数。

练习 2　游标万能角度尺的测量

练习要求：

（1）用游标万能角度尺测量不同的角度、锥度等。

（2）通过实物测量，熟悉游标万能角度尺的结构，掌握游标万能角度尺的用法，并能快速、准确地读出读数。

练习 3　千分尺的测量

练习要求：

（1）用千分尺测量外径、长度、厚度等尺寸。

（2）通过实物测量，熟悉千分尺的结构，掌握千分尺的用法，并能快速、准确地读出读数。

项目一 划 线

1.1.1 项目提出

通过本项目，掌握含有较多线条零件的划线方法。项目图样如图 1 – 19 所示。

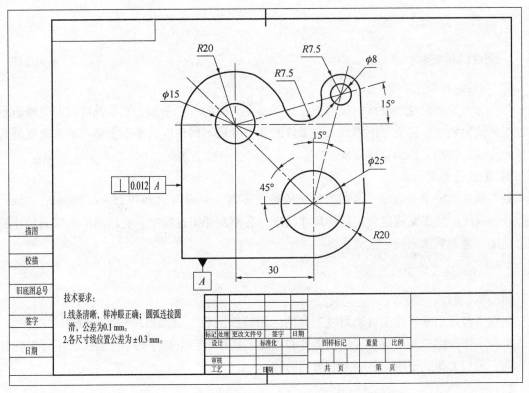

图 1 – 19 划线加工件（用中望软件制作，全书同）

1.1.2 项目分析

划线就是在毛坯或工件的加工面上，用划线工具划出待加工部位的轮廓线或作为基准的点、线的操作方法。

在钳工加工中，划线是相当重要的，它是钳工加工的基础，不仅使工件有了明确的尺寸界线，确定了工件上各加工面的加工位置和加工余量，而且能及时发现和处理不合格的毛坯，避免加工后造成不必要的损失。

图 1 – 19 中各项目符号的含义及所需要的工量具如表 1 – 1 所示。

表 1 – 1　图 1 – 19 中各项目符号的含义及所需要的工量具

序号	项目符号	含义	所需工量具
1	$\phi8$、$\phi15$、$\phi25$	直径分别为 8 mm、15 mm、25 mm 的圆	钢直尺、圆规、样冲
2	$R20$、$R7.5$	半径为 20 mm、7.5 mm 的圆弧	钢直尺、圆规
3	45°、15°、15°	确定 $\phi8$ mm、$\phi15$ mm 两圆的圆心位置的方向	游标万能角度尺、划针、钢直尺
4	30	$\phi15$ mm、$\phi25$ mm 两圆圆心的水平距离为 30 mm	90°角尺、钢直尺、划针

1.1.3　项目实施

一、相关知识

1. 划线的种类和要求

1）划线的种类

划线分为平面划线和立体划线两种。只需要在工件的一个平面上划线就可以明确地表示出加工界线的划线，称为平面划线。在工件的几个互成不同角度的平面上都划线才能明确表示加工界线的划线，称为立体划线。

2）划线的要求

划线的基本要求是清晰、准确。划线的精度不高，一般可达到 0.25～0.50 mm，因此，不能依据划线的位置来确定加工后的尺寸精度，必须在加工过程中，通过测量来保证尺寸的加工精度。通常要求划线一次完成。

2. 划线工具及其使用方法

1）划线平台

划线平台是用来安放工件和划线工具的，用铸铁制成，表面精度较高。使用时应注意，划线平台工作表面应经常保持清洁；工件和划线工具在平台上都要轻拿、轻放，不可损伤其工作面；用后要擦拭干净，并涂上润滑油防锈。

2）划针

如图 1 – 20 所示，划针是直接在工件上划线的工具，常与钢直尺、90°角尺或划线样板等导向工具一起使用。一般在已加工表面划线时使用 $\phi3～\phi5$ mm 的弹簧钢丝或高速钢制成的划针，端部磨尖成15°～20°的夹角，并淬硬，长度为 200～300 mm。在铸件、锻件等加工表面划线时，可用尖端焊有硬质合金的划针。

划针的用法如图 1 – 21 所示，注意事项如下：

（1）用划针划线时，一只手压紧导向工具，防止其滑动，另一只手使划针尖靠紧导向工具的边缘，并使划针上部向外倾斜15°～20°，同时向划针前进方向倾斜 45°～75°的夹角。

（2）划线时用力大小要适宜。一根线条应一次划成，既要保持线条均匀、清晰，又要控制好线条的宽度。

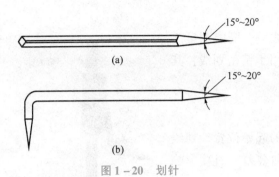

15°~20°

(a)

15°~20°

(b)

图 1 – 20　划针

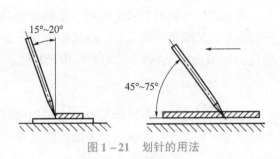

15°~20°

45°~75°

图 1 – 21　划针的用法

3）划规

划规如图 1 – 22 所示，用来划圆和圆弧、等分线段、等分角度及量取尺寸等。钳工用的划规有普通划规、弹簧划规等。

4）90°角尺

90°角尺如图 1 – 23 所示，在划线时常用作划平行线或垂直线的导向工具，也可用来找正工件在平台上的垂直位置。

图 1 – 22　划规

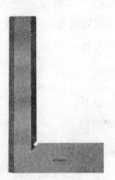

图 1 – 23　90°角尺

5）样冲

样冲如图 1 – 24 所示，用于在工件所划的加工线条上冲点，一般用工具钢制成，尖端处淬硬。

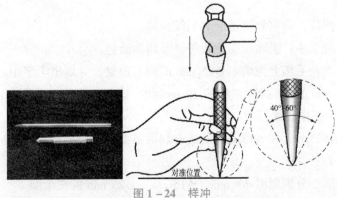

40°~60°

对准位置

图 1 – 24　样冲

6）高度游标尺

高度游标尺如图1-25所示，是精密量具之一，既能测量工件的高度，又能做划线工具。高度游标尺只适用于精密划线，其精度为0.02 mm，读数方法与游标卡尺相同。

图1-25　高度游标尺

3. 划线基准的选用原则

在划线时应该首先划出基准，它是划线时的起始位置。划线基准本身的精度（尺寸公差、表面粗糙度及几何公差）直接影响划线的质量，一般应按以下原则选择。

（1）在已加工工件上划线时，要选择精度高的面为划线基准，以保证待划线条的位置和尺寸精确。

（2）在已加工工件上划线时，不要取孔的中心线（或对称平面）为划线基准，即使该线（或面）为设计基准，在划线时也无法使用。因为它是一条假想存在的线（或面），不能作为实际的划线依据，必须经过尺寸换算，转到实际存在的、精度高的、符合规定要求的平面上才有现实意义。

（3）划线时，工件上每个方向都要选择一个主要划线基准。平面划线要选择两个主要划线基准，立体划线要选择三个主要划线基准。根据工件的复杂程度不同，每个方向的辅助划线基准可以选取一个或多个，以保证顺利完成工件的整体划线过程。

4. 划线过程

划线过程如下：

（1）看清图样。

（2）选定划线基准。

（3）初步检查毛坯的误差情况。

（4）涂色。

（5）划线。

（6）检查划线的准确性及是否有漏划的线。

（7）在所划线条上冲眼，做标记。

二、工作步骤

（1）认真阅读图样，确定划线基准和划线步骤。

（2）将毛坯清理干净，去除表面飞边等，并均匀涂色。

（3）按图样要求在毛坯上先确定ϕ25 mm的圆心位置，并划出十字中心线。

（4）通过ϕ25 mm的圆心划45°线和30 mm线，这两条线的交点为ϕ15 mm圆的圆心，并通过该圆心划出十字中心线。

（5）分别通过ϕ25 mm和ϕ15 mm的圆心划两条15°线，两线交点为ϕ8 mm圆的圆心，并通过该圆心划出十字中心线。

（6）通过三个圆心分别划出ϕ8 mm、ϕ15 mm、ϕ25 mm的三个圆。

（7）分别通过 $\phi25$ mm 和 $\phi15$ mm 的圆心划 $R20$ mm 的两段圆弧，通过 $\phi8$ mm 的圆心划 $R7.5$ mm 的圆弧，并划出 $R20$ mm 和 $R7.5$ mm 的公切圆弧 $R7.5$ mm。

（8）作 $R7.5$ mm 圆弧和 $R20$ mm 圆弧的公切线。

（9）对图形及尺寸进行校对，确认无误后，在相应线条及钻孔中心打上样冲眼。

1.1.4 项目总结

一、检测与反馈

划线评价表，如表 1-2 所示。

表 1-2 划线评价表

序号	项目和技术要求	实训记录	配分	得分
1	涂色薄而均匀		4	
2	线条清晰、无重线		12	
3	尺寸线位置公差0.3 mm		30	
4	圆弧连接光滑过渡		12	
5	冲点位置公差0.3 mm		18	
6	样冲眼分布均匀、合理		12	
7	工具使用正确，操作姿势正确		12	
8	安全文明生产		违规者此项实训不合格	
总得分				

二、划线注意事项

（1）由于初次划线，容易出现错误，可先在纸上作图，熟悉后再在毛坯上划线。

（2）划线动作要熟练，能正确使用划线工具，还要注意工具合理放置（左手工具放在左面，右手工具放在右面，并摆放整齐）。

（3）所划线条必须做到尺寸准确、线条清晰、粗细均匀，冲点准确、合理，距离均匀。

（4）划线后必须进行复检，避免出错。

1.1.5 拓展案例

一、拓展练习

完成图 1-26 所示轴承座的划线。

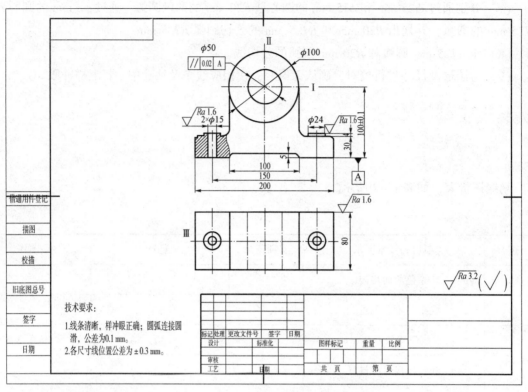

图 1－26　轴承座

二、检测与反馈

轴承座划线评分标准如表 1－3 所示。

表 1－3　轴承座划线评分标准

序号	技术要求	实训记录	配分	得分
1	图形及排列位置正确		15	
2	线条清晰、无重线		15	
3	尺寸线位置公差 0.3 mm		25	
4	支撑牢固、可靠		15	
5	冲点位置公差 0.3 mm		10	
6	样冲眼分布均匀、合理		10	
7	工具使用正确，操作姿势正确		10	
8	安全文明生产	违规者此项实训不合格		
总得分				

项目二　锯　削

1.2.1　项目提出

通过本项目，掌握锯削的基本方法及相关知识。项目图样如图 1 - 27 所示。

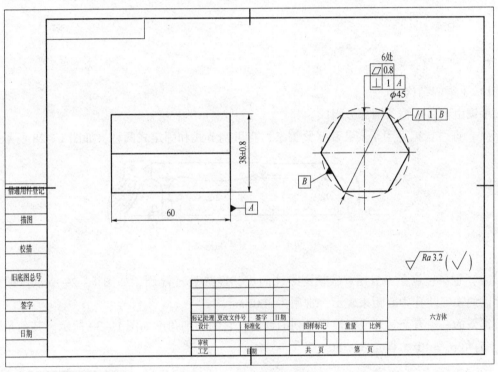

图 1 - 27　锯削六方体

2.1.2　项目分析

用手锯把材料或工件进行分割或切槽等的加工方法称为锯削。它可以将各种原材料锯断，或者锯掉工件上多余的部分，也可以在工件上锯槽，等等。

图 1 - 27 中各项目符号的含义及所需工量具如表 1 - 4 所示。

表 1 - 4　锯削六方体图样分析

序号	项目符号	含义	所需工量具
1	△ 0.8 ⊥ 1 A ∥ 1 B	箭头所指六面对基准面 A 的垂直度误差不大于 1 mm，对基准面 B 的平行度误差不大于 1 mm，平面度误差不大于 0.8 mm	游标万能角度尺、游标卡尺、游标高度尺、划针、样冲、钢直尺

序号	项目符号	含义	所需工量具
2	全部 $\sqrt{Ra\ 3.2}$	所有平面的表面粗糙度值不大于 Ra 3.2 μm	表面粗糙度比较样块

1.2.3　项目实施

一、相关知识

1. 锯削工具——手锯

1）手锯的结构

手锯由锯弓和锯条两部分组成。

（1）锯弓：锯弓用于安装和张紧锯条，有可调节式和固定式两种，如图 1－28 所示。

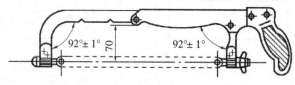

图 1－28　锯弓的形式

（2）锯条：锯条一般用渗碳软钢冷轧而成，经热处理淬硬，如图 1－29 所示。锯条的长度以两端安装孔中心距来表示，常用为 300 mm。

锯条的一边有交叉形或波浪形排列的锯齿，它的切削角度如图 1－30 所示。其前角 $\gamma_0 = 90°$，后角 $\alpha_0 = 40°$，楔角 $\beta_0 = 50°$。

图 1－29　锯条

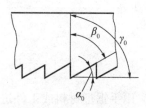

图 1－30　锯齿的切削角度

2）锯路

为了减少锯缝两侧对锯条的摩擦力，防止夹锯，在制作锯条时，将锯齿有规律地向左、右扳斜，形成的锯齿的不同排列形式叫锯路。常见的锯路有交叉式和波浪式两种。

3）锯齿的粗细规格及选择原则

锯齿的粗细是以锯条每 25 mm 长度内的齿数来表示的。锯齿可分为细齿（32 齿）、中齿（22~24 齿）和粗齿（14~18 齿）三种，使用时应根据所锯材料的软硬和厚薄来选用，如表 1－5 所示。

表 1-5 锯齿的粗细规格及应用

规格	每25 mm 长内齿数/齿	应用
粗	14~18	锯削软钢、黄铜、铸铁、紫铜、人造胶质材料
中	22~24	锯削中等硬度钢、厚壁的钢管、铜管
细	32	薄片金属、薄壁管子

锯齿的选择原则如下：

（1）锯削软（如纯铜、铝、铸铁、低碳钢和中碳钢等）且较厚的材料时，应选用粗齿锯条。

（2）锯削硬材料或薄的材料（如工具钢、合金钢、各种管子、薄板料等）时，应选用细齿锯条，否则齿距大于板厚，会使锯齿被钩住而崩断。

（3）在锯削截面上至少应有三个齿能同时参加锯削，这样才能避免锯齿被钩住和崩断。

2. 手锯的握法

手锯的握法为右手满握锯柄，左手轻扶在锯弓前端，如图 1-31 所示。

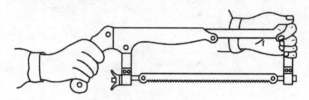

图 1-31 手锯的握法

3. 锯条的安装

（1）安装锯条时，应使其锯齿方向为向前推进的方向，如图 1-32（a）所示。

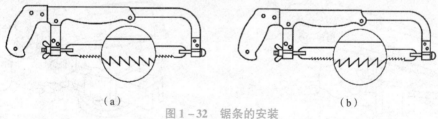

（a） （b）

图 1-32 锯条的安装

（a）正确；（b）错误

（2）锯条的松紧要适当。锯条太松，锯削时易扭曲而折断；锯条太紧，则其承受拉力太大，失去应有的弹性，也容易折断。

（3）锯条装好后，检查其是否歪斜、扭曲，如有歪斜、扭曲，应加以校正。

4. 工件的装夹

（1）工件一般应夹持在台虎钳的左面，以便操作。

（2）工件伸出钳口不应过长，防止工件在锯削时产生振动（应保持锯缝距离钳口侧20 mm左右）。

（3）锯缝线要与钳口侧面保持平行，便于控制锯缝不偏离划线线条。

（4）夹紧要牢靠，同时要避免将工件夹变形和夹坏已加工表面。

5. 锯削姿势及锯削方法

1）锯削姿势

如图 1-33 所示，锯削时的站立位置和身体摆动姿势与锉削基本相似，注意摆动要自然。

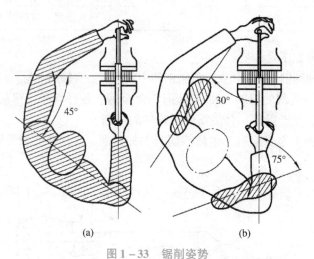

图 1-33　锯削姿势

（a）锯削时身体位置；（b）锯削时的步位

2）锯削方法

①起锯方法。起锯方法有两种（图 1-34）：一种是远起锯，在远离操作者一端起锯；另一种是近起锯，在靠近操作者一端的工件上起锯。前者起锯方便，起锯角容易掌握，锯齿能逐步切入工件中去，是一种常用的起锯方法。

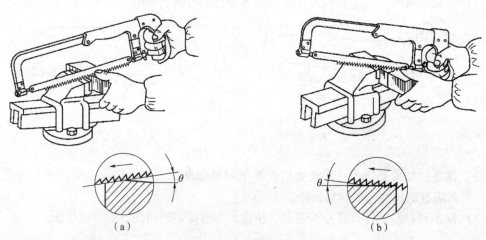

图 1-34　起锯方法

（a）远起锯；（b）近起锯

起锯时要注意：锯条侧面必须靠紧拇指，或手持一物代替拇指靠紧锯条侧面，保证锯条在某一固定的位置起锯，并平稳地逐步切入工件，不会跳出锯缝。起锯角的大小要适当，起锯角太大时，会被工件棱边卡住锯齿，将锯齿崩裂，并会造成手锯跳动不稳；起锯角太小时，锯条与工件接触的齿数太多，不易切入工件，还可能偏移锯削位置，而需多次起锯，出现多条锯痕，影响工件表面质量。

②锯削的行程和运动。锯削时应尽量利用锯条的有效长度，一般往复行程不应小于锯条全长的 2/3。锯削速度要均匀、平稳、有节奏、快慢适度，否则容易使操作者很快疲劳，或造成锯条过热，很快被损坏。

3）锯削运动：锯削运动是小幅度的上下摆动式运动。手锯推进时，身体略向前倾，双手压向手锯的同时，左手上翘，右手下压；回程时右手上抬，左手自然跟回。锯削运动的速度一般为 40 次/min 左右，锯削硬材料慢些，锯削软材料快些。同时，锯削行程应保持均匀，返回行程的速度相对快些。

二、工作步骤

1. 工作准备

（1）备料：Q235（$\phi45$ mm×60 mm）。

（2）主要工量具：划针、样冲、锯弓、锯条、钢直尺、游标卡尺、游标高度尺、游标万能角度尺、表面粗糙度比较样块。

2. 工作步骤

（1）检查来料尺寸是否符合图样要求，在工件划线位置涂上划线涂料。

（2）按图样要求划线。

（3）锯削六方体。

（4）复检，去飞边。

1.2.4 项目总结

一、检测与反馈

锯削六方体评分标准如表 1-6 所示。

表 1-6 锯削六方体评分标准

序号	项目和技术要求	实训记录	配分	得分
1	38 ±0.8（3 处）		24	
2	⊥ 1 A		24	
3	▱ 0.8		12	
4	锯削断面纹路整齐		12	
5	外形无损伤		14	
6	锯削姿势正确		14	
7	锯条的使用方法正确		每断一根扣 3 分	
8	安全文明生产		违规者此项实训不合格	
得分				

二、锯削的废品分析

锯削时产生的缺陷形式及原因如表 1-7 所示。

表 1 – 7　锯削时产生的缺陷形式及原因

缺陷形式	产生原因
锯条折断	1. 锯条选用不当或起锯角不当
	2. 锯条装夹过紧或过松
	3. 工件未夹紧，锯削时工件有松动
	4. 锯削压力太大或推锯过猛
	5. 强行校正歪斜锯缝或换上的新锯条在原锯缝中卡滞
	6. 工件被锯断时锯条撞击工件
锯齿崩断	1. 锯条装夹过紧
	2. 起锯角太大
	3. 锯削中遇到材料组织缺陷，如杂质、砂眼等
锯缝歪斜	1. 工件装夹不正
	2. 锯弓未扶正或用力歪斜，使锯条背偏离锯缝中心平面，而斜靠在锯削断面的一侧
	3. 锯削时双手操作不协调

2.1.5　拓展案例

一、拓展练习

完成图 1 – 35 所示 V 形铁的制作。

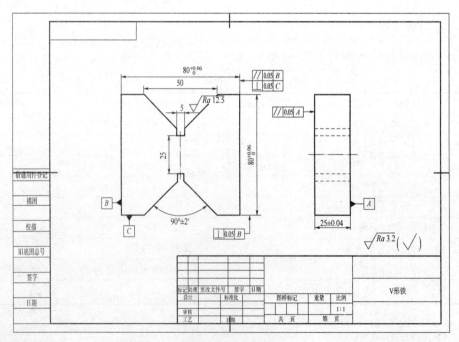

图 1 – 35　V 形铁

二、检测与反馈

V形铁制作加工评分标准如表 1 – 8 所示。

表 1 – 8　V形铁制作加工评分标准

序号	项目	配分	评分标准	得分
1	$80^{+0.06}_{0}$（2 处）	8	1 处超差 0.05 mm 扣 4 分	
2	50（2 处）	6	1 处超差 1 mm 扣 3 分	
3	5（2 处）	6	1 处超差 1 mm 扣 3 分	
4	25	3	超差 1 mm 扣 3 分	
5	25 ± 0.04	10	超差 0.02 mm 扣 2 分	
6	// 0.05 B	5	超差 0.05 mm 扣 5 分	
7	⊥ 0.05 C	5	超差 0.05 mm 扣 5 分	
8	⊥ 0.05 B	5	超差 0.05 mm 扣 5 分	
9	// 0.05 A	10	超差 0.05 mm 扣 5 分	
10	90° ± 2′（2 处）	8	1 处超差 2′ 扣 4 分	
11	$\sqrt{}$ Ra 3.2（10 处）	10	1 处升高一级扣 1 分	
12	$\sqrt{}$ Ra 12.5（4 处）	4	1 处升高一级扣 1 分	
13	使用工具正确	5	1 处不正确扣 2 分	
14	加工姿势正确	5	1 处不正确扣 2 分	
15	安全文明生产	10	按照有关安全操作规程在总分中扣除	

项目三　锉　削

1.3.1　项目提出

通过本项目，掌握锉削的基本方法及相关知识。项目图样如图 1 – 36 所示。

1.3.2　项目分析

用锉刀对工件表面进行锉削加工，使其尺寸、形状、位置和表面粗糙度等都达到要求，这种加工方法叫锉削。一般锉削是在錾、锯之后对工件进行的精度较高的加工。锉削后，尺寸精度可达 0.01 mm，表面粗糙度可达 Ra 0.8 μm。锉削是钳工常用的重要操作之一。

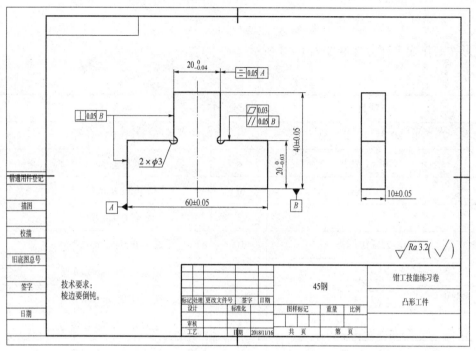

图1-36 凸形工件

图1-36所示的凸形工件是普通钳工训练和初级工技能鉴定中经常出现的图形，也称T形工件。本任务主要训练和考查学生的锯削、锉削基本技能，学生对平面度、对称度、平行度、垂直度的理解及对测量方法的掌握程度，此件可作为后续钻孔、攻螺纹的训练件。

图1-36中各项目符号的含义及所需工量具如表1-9所示。

表1-9 凸形工件图样分析

序号	项目符号	含义	所需工量具
1	$\boxed{= \ 0.05 \ A}$	凸台左右两面与中心线的对称度误差不大于0.05 mm	游标卡尺、千分尺、90°角尺、塞尺
2	$\boxed{\varnothing \ 0.03}$ $\boxed{// \ 0.05 \ B}$	箭头所指左、右两平面对基准面B的平行度误差不大于0.05 mm，平面度误差不大于0.03 mm	游标卡尺、千分尺、百分表、90°角尺、塞尺
3	$\boxed{\perp \ 0.05 \ B}$	箭头所指平面对基准面B的垂直度误差不大于0.05 mm	百分表、90°角尺、塞尺
4	$\sqrt{Ra\,3.2}$	所有平面的表面粗糙度值不大于Ra 3.2 μm	表面粗糙度比较样块
5	$2 \times \phi 3$	两个直径为3 mm的工艺孔	ϕ3 mm的钻头

1.3.3 项目实施

一、相关知识

1. 锉削基本知识

锉刀是用高碳工具钢 T12 或 T13 制成的，并经热处理淬硬，硬度可达 HRC62~67。

1）锉刀的构造

锉刀由锉身和锉柄两部分组成，锉刀各部分名称如图 1-37 所示。

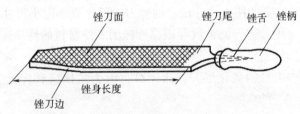

图 1-37 锉刀的构造

锉刀面是锉刀的主要工作面，上、下两面都有锉齿，便于进行锉削。锉刀边是指锉刀的两个侧面，没有齿的边称为光边，以便在锉削内直角的一个面时不碰伤相邻的面。锉舌是用来装锉柄的，锉柄是木制的，在安装孔一端应套有铁箍。

2）锉刀的种类

锉刀分为普通锉、整形锉和特种锉三类。

（1）普通锉按其断面不同，又分为平锉、半圆锉、三角锉、方锉和圆锉 5 种，如图 1-38 所示。

（2）整形锉也叫什锦锉或组锉，因分组配备各种断面形状而得名，主要用于修整工件上的细小部分，通常以 5 支、6 支、8 支、10 支或 12 支为一组，如图 1-39 所示。

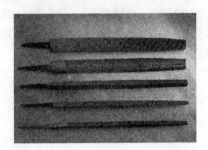

图 1-38 普通锉刀的类型

图 1-39 整形锉

（3）特种锉用于加工零件的特殊表面，应用很少。

3）锉刀的选择

（1）锉刀齿粗细的选择：粗齿锉刀适用于加工大余量、尺寸精度低、几何公差大、表面粗糙度值大、材料软的工件；反之，应选择细齿锉刀。各类锉刀的加工要求范围如表 1-10 所示。

表 1 – 10　各类锉刀适合的加工要求范围

每 10 mm 轴向长度锉纹	适合范围		
	工序余量/mm	尺寸精度/mm	表面粗糙度 Ra/μm
5.5 ~ 14 条（粗齿）	0.5 ~ 1	0.2 ~ 0.5	100 ~ 25
8 ~ 20 条（中粗齿）	0.2 ~ 0.5	0.05 ~ 0.2	12.5 ~ 6.3
11 ~ 28 条（细齿）	0.05 ~ 0.2	0.01 ~ 0.05	12.5 ~ 3.2

（2）锉刀尺寸规格的选用：锉刀尺寸规格应根据被加工工件的尺寸和加工余量来选用。加工尺寸大、余量大时，要选用大尺寸规格的锉刀，反之要选用小尺寸规格的锉刀。

（3）锉刀齿纹的选用：锉刀的齿纹要根据被锉削工件材料的性质来选用。

4）锉刀的使用规则

（1）不能用锉刀锉工件的氧化层和淬火工件，因为氧化层和淬火工件硬度大，容易损伤锉齿。

（2）用锉刀锉削工件时，不能加润滑剂和水，否则会引起打滑或锈蚀。

（3）在使用锉刀的全过程中，要经常用铜丝刷（或钢丝刷）顺锉齿纹的走向刷去嵌入齿槽内的铁屑。使用完毕后，一定要仔细刷去全部铁屑后才能存放。

（4）不能将锉刀作为其他工具使用，如敲、撬、压、扭、拉、顶、撞等。

（5）存放锉刀时，不能产生碰撞，也不能重叠堆放。存放处的湿度不能太大，要求干燥通风。

（6）锉刀运行过程中，锉刀面始终要保持水平状态。锉刀往返的最佳频率为 40 次/min，锉刀的使用长度占锉刀面全长的 2/3。

2. 锉削的基本方法

1）锉削时的站立姿势

两手握住锉刀放在工件上面，身体与钳口方向约成 45°角，右臂弯曲，右小臂与锉刀锉削方向成一条直线，左手握住锉刀头部，左手臂呈自然状态，并在锉削过程中，随锉刀运动稍做摆动。摆动时要注意节奏一致、摆动自然，否则极易疲劳。

2）锉刀的握法

锉刀的握法随锉刀的大小及工件的不同而改变，如图 1 – 40 所示。

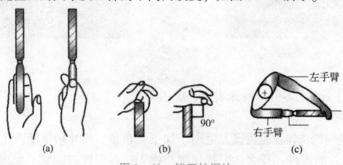

图 1 – 40　锉刀的握法

（a）右手握法；（b）左手握法；（c）双手握法（俯视图）

（1）较大锉刀的握法：右手拇指放在锉柄上面，手心抵住柄端，其余手指由下而上紧握锉柄；左手拇指根部肌肉轻压在锉刀前端，中指、无名指捏住锉刀头。右手用力推动锉刀，并控制锉削方向，左手使锉刀保持水平，并在回程时消除压力或稍微抬起锉刀。

（2）中型锉刀的握法：右手握法与上述相同，左手只需用拇指和食指轻轻捏住锉刀头。

（3）小型锉刀的握法：右手握法也与上述相同，左手4个手指压在锉刀的中部，避免锉刀发生弯曲。

（4）整形锉刀的握法：整形锉刀太小，只能用右手平握，食指放在锉刀上面，稍加压力。

3）锉削动作

如图1-41所示，开始锉削时，身体稍向前倾10°左右，重心落在左脚上，右臂在后，准备将锉刀向前推进。

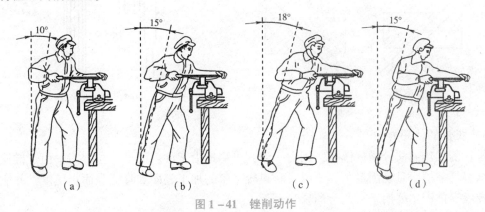

图1-41 锉削动作

（a）开始锉削；（b）锉刀推出1/3行程；（c）锉刀推出2/3行程；（d）锉刀行程推尽时

当锉刀推至1/3行程时，身体前倾15°左右。锉刀再推1/3行程时，身体倾斜到18°左右。当锉刀继续推进最后1/3行程时，身体随着反作用力退回到15°左右，两臂则继续将锉刀向前推进到头。

锉削行程结束时，将锉刀稍微抬起，左腿逐渐伸直，将身体重心后移，并顺势将锉刀退回到初始位置。锉削速度控制在40次/min左右。

锉削时，应始终使锉刀保持水平，因此右手的压力应随锉刀推进而逐渐增加，左手的压力随锉刀推进而逐渐减小。

3. 平面锉削训练方法

1）工件的装夹方法

装夹工件时应注意以下几点：

（1）一般工件应装夹在台虎钳中间。锉削时不能松动，但是也不能使工件产生变形。

（2）工件伸出钳口不能太长，特别是薄形工件，否则锉削时会产生弹跳。

（3）装夹圆形工件，需要用三角形槽垫铁，以使工件牢固夹紧。

（4）薄片工件须用钉子固定在木块上，再用台虎钳夹紧木块，而后再锉削。

2）锉削平面常用方法

锉削平面常用交叉锉法和顺向锉法两种。

（1）交叉锉法：如图1-42所示，锉削时锉刀运动方向与工件装夹方向形成一定的角度，使下一次锉削与上一次锉削相互交叉。工件锉削表面有交叉网纹，能明显地看出高低差别，因此容易把平面锉平。交叉锉法一般用于粗锉，而精锉时必须用顺向锉法，以使锉痕变直。

（2）顺向锉法：如图1-43所示，锉刀运动方向与工件装夹方向始终一致，每次退回锉刀时应在横向做适当的移动，以便对整个加工表面进行均匀的锉削。该方法的优点是能得到较直的锉痕，比较整齐美观，一般较大平面和最后锉光都采用这种方法。

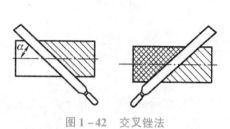

图1-42 交叉锉法

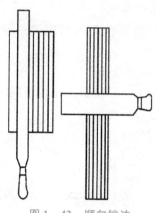

图1-43 顺向锉法

3）推锉的使用方法

推锉的操作方法：横握锉身，用力一致，平稳地沿工件表面推、拉锉刀。由于推锉时锉刀平衡容易掌握，且切削量小，所以可获得较平整的加工表面和降低表面粗糙度，并能获得顺向锉纹。推锉主要用于有凸台的狭长平面。

4）平面度的检验方法

通常采用刀口直尺（或钢直尺）用透光法来检查锉削平面的平面度。使用刀口直尺时，要将其垂直放在被测工件表面上，同时需要在被测面的横向、纵向、对角方向多处逐一测量。如果刀口直尺与工件平面间透光微弱而均匀，则说明该平面平直；如果透光强弱不一，则说明该平面凹凸不平。在变换刀口直尺的位置时，不能在工件平面上将其拖动，而应将其提起后再轻放到另一个检验位置，否则容易磨损刀口直尺的刃口而降低其测量精度。

二、工作步骤

1. 备料

按图1-44所示的要求锉削好凸形工件的外廓基准面，使其外形尺寸为（60±0.05）mm×（40±0.05）mm，垂直度误差不大于0.05 mm，平行度误差不大于0.05 mm，表面粗糙度值不大于 Ra 3.2 μm。

2. 对称零件划线

（1）以 B 面为基准，划出 20 mm 的尺寸线。

（2）以 A 面为基准，分别划出 20 mm 和 40 mm 的两竖面尺寸线。

3. 钻削工艺孔 2×φ3 mm

按图1-44中2×φ3 mm的位置打样冲眼，钻出两个工艺孔。

4. 锉削加工

（1）按图 1 – 44 划好线，锯去左角材料。

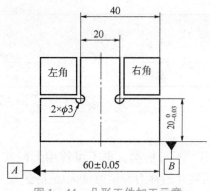

图 1 – 44　凸形工件加工示意

（2）以 A、B 两面为基准，按图样尺寸标准锯削后，进行锉削加工，加工 $20_{-0.03}^{0}$ mm 尺寸及 40 mm 尺寸；在锉削加工的同时，用千分尺等量具进行测量，以确保尺寸公差的正确性。

锉削加工 40 mm 尺寸时，可能会产生对称误差。为了保证左侧面对中心平面的对称性，通常用对称误差值公式对可能产生的对称误差进行控制，从而保证取得尺寸 $20_{-0.03}^{0}$ mm 的同时，其对称误差在 0.05 mm 内。

对称误差值公式：

$$对称误差 = (60 \text{ mm 的实际尺寸})/2 + 10_{-0.040}^{+0.025} \text{ mm}$$

（3）按图 1 – 44 划线锯去工件右角材料。

（4）以 A、B 面为基准，按图样尺寸标准锯削后，再锉削加工 $20_{-0.03}^{0}$ mm 尺寸。

（5）去飞边，全面复检。

1.3.4　项目总结

一、检测与反馈

锉削凸形工件评分标准如表 1 – 11 所示。

表 1 – 11　锉削凸形工件评分标准

序号	项目和技术要求	实训记录	配分	得分
1	$=$ | 0.05 | A		16	
2	$\diagup$ | 0.03 | $\parallel$ | 0.05 | B		16	
3	$\perp$ | 0.05 | B		8	
4	$20_{-0.04}^{0}$		8	
5	$20_{-0.03}^{0}$		8 × 2	
6	$\sqrt{Ra\,3.2}$（8 处）		16	
7	60 ± 0.05		10	

续表

序号	项目和技术要求	实训记录	配分	得分
8	40±0.05		10	
9	安全文明生产		违规者此项 实训不合格	
总得分				

二、锉削安全知识

（1）锉柄一定要安装牢固，不可松动，更不可使用无柄或木柄裂开的锉刀，因为用无柄的锉刀会刺伤手腕，用木柄裂开的锉刀锉削时会夹破手心。

（2）锉削时，不可以将锉柄撞击到工件上，否则锉柄会突然脱开，锉刀尾部会弹起而刺伤人体。

（3）不可以用手去清除铁屑，以防刺伤手；也不能用手去摸锉过的工件表面，因为容易引起表面生锈。

（4）放置锉刀时，不要将其露在台虎钳外面，以防锉刀落下而砸伤脚或摔断锉刀。

1.3.5 拓展案例

一、拓展练习

完成图 1-45 所示凹凸镶配件的锉削。

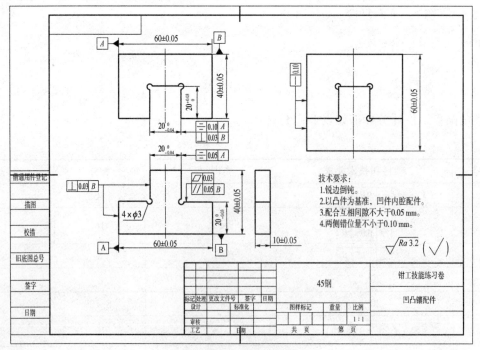

图 1-45 凹凸镶配件

二、检测与反馈

锉削凹凸镶配件的评分标准如表 1 – 12 所示。

表 1 – 12 锉削凹凸镶配件的评分标准

序号		项目和技术要求	实训记录	配分	得分
1	凸件	60 ± 0.05		6	
2		40 ± 0.05		6	
3		$20_{-0.03}^{0}$		6×2	
4		$20_{-0.04}^{0}$		6	
5		⊥ 0.03 B		6×2	
6		= 0.05 A		6	
7		$\sqrt{Ra\,3.2}$		6	
8	凹件	60 ± 0.05		6	
9		40 ± 0.05		6	
10		$\sqrt{Ra\,3.2}$		5	
11	配合	间隙不大于 0.05 mm		2×5	
12		错位量不大于 0.10 mm		4	
13		60 ± 0.05		6	
14		互换		4	
15		错位量不小于 0.10 mm		5	
16	其他	表面敲击及其他缺陷		每处扣总分 1 ~ 5 分	
17		安全文明生产		违规者此项实训不合格	
总得分					

项目四　孔的加工

1.4.1　项目提出

通过本项目，掌握孔的加工方法及相关知识。项目图样如图 1 – 46 所示。

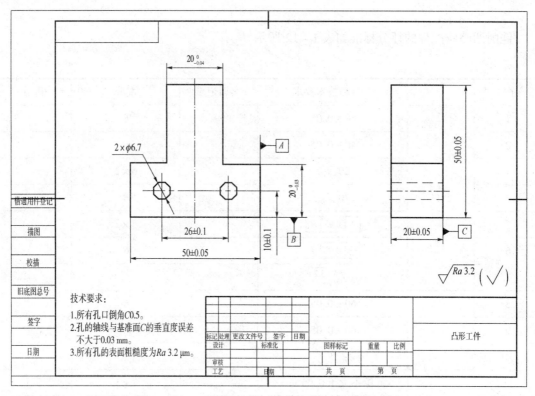

图 1 – 46　凸形工件

1.4.2　项目分析

孔加工是钳工重要的操作技能之一。孔加工的方法主要有两类：一类是用麻花钻、中心钻等在实体材料上加工出孔的方法，称为钻孔；另一类是用扩孔钻、锪孔钻或铰刀等对已有的孔进行再加工。

如图 1 – 46 所示，在凸形工件上钻削两个 $\phi6.7$ mm 的通孔，训练时可以用以前加工过的工件作为毛坯件。对孔的加工要求主要有两方面：一是孔径要达到图样要求；二是孔的位置精度要达到图样要求。

图 1 – 46 中各项目符号的含义及所需工量具如表 1 – 13 所示。

表 1 – 13　图样分析

序号	项目符号	含义	所需工量具
1	$2 \times \phi6.7$	两个 $\phi6.7$ mm 的孔	$\phi6.7$ mm 的钻头、游标卡尺、样冲
2	26 ± 0.1	两孔中心距的尺寸	游标卡尺
3	10 ± 0.1	两孔中心至基准面 B 的距离	游标卡尺

1.4.3　项目实施

一、相关知识

1. 钻床的种类与操作方法

1）钻床的种类

（1）台钻：台钻是一种安装在工作台上、主轴垂直布置的小型钻床。一般用来加工小型工件上直径不大于 12 mm 的小孔。

（2）立钻：立式钻床简称立钻，是主轴箱和工作台安置在立柱上，主轴垂直布置的钻床，一般用来钻中、小型工件上的孔，其最大钻孔直径有 25 mm、35 mm、40 mm、50 mm 几种。常用的 Z525 型立钻如图 1-47 所示，其最大钻孔直径为 25 mm。

（3）摇臂钻床：如图 1-48 所示，摇臂钻床主要由底座、内立柱、外立柱、摇臂、主轴箱及工作台等部分组成。内立柱固定在底座的一端，在它的外面套有外立柱，外立柱可绕内立柱回转 360°。摇臂的一端为套筒，它套装在外立柱上做上下移动。由于丝杠与外立柱连成一体，而升降螺母固定在摇臂上，因此摇臂不能绕外立柱转动，只能与外立柱一起绕内立柱回转。主轴箱是一个复合部件，由主传动电动机、主轴和主轴传动机构、进给和变速机构、钻床的操作机构等部分组成。主轴箱安装在摇臂的水平导轨上，可以通过手轮操作，使其在水平导轨上沿摇臂移动。

摇臂钻床用于对大、中型工件在同一平面内、不同位置的多孔系进行钻孔、扩孔、镗孔、锪孔、铰孔、刮端面和攻螺纹、套螺纹等。常用型号有 Z3040、Z3050、Z3063、Z3080 等几种。

图 1-47　立钻

图 1-48　摇臂钻床

2）钻床的操作方法

下面以台钻为例介绍钻床的操作方法。

（1）根据加工需要调整主轴箱高度，先松开主轴箱锁紧手柄，再转动升降手柄，使主轴箱升降到所需位置，然后夹紧主轴箱锁紧手柄使主轴箱固定。

（2）工作台需升降时，必须用手托住工作台部件，再松开支架锁紧手柄，调整工作台至所需位置后，再靠夹紧支架锁紧手柄。

（3）进给机构设有定深装置，应根据加工需要调整钻孔深度，先松开锁紧手柄（或松开锁紧螺钉），使钻刃接触工件表面，转动刻度盘至钻孔所需位置，再紧固锁紧手柄（或紧固锁紧螺钉）。

（4）钻孔时，应根据工件材料的切削性能、钻孔直径和加工要求，选取适宜的转速，主轴转速的变换通过传动带在带轮中不同的挡位来实现。

（5）将加工的工件装夹在工作台上，启动机床，进行加工。

（6）完成工作或暂停工作使主轴回程时，应用手扶住主轴以适当的速度退回，不得将手放开，以免产生冲击。

（7）工作结束后，应及时清除机床表面的切屑、灰尘，并在立柱等外露非涂漆表面涂防锈油。

2. 钻头及钻头的刃磨

1）钻头

用钻头在实体材料上加工出孔称为钻孔。钻孔时，工件固定，钻头装在钻床主轴上做旋转运动，称为主运动；同时钻头沿轴线方向移动，称为进给运动。钻孔是对孔进行粗加工，精度为 IT11～12，表面粗糙度 $\geqslant Ra$ 12.5 μm。

如图 1–49 所示，麻花钻由柄部、颈部及工作部分组成，一般用高速钢（W18Cr4V 或 W9Cr4V2）制成，淬硬后硬度可达 HRC62～68。

（1）柄部：柄部用来夹持、定心和传递动力，分为锥柄和柱柄两种。一般直径小于 13 mm 的钻头做成柱柄，直径大于 13 mm 的钻头做成锥柄。

（2）颈部：颈部是工作部分和柄部之间的连接部分。一般钻头的规格和标号都刻在颈部。

（3）工作部分：工作部分包括导向部分和切削部分。导向部分在钻削时起引导钻头方向的作用，同时是切削部分的后备部分。它由两条对称分布的螺旋槽和刃带组成。螺旋槽的作用是形成切削刃和前角，并起排屑和输送切削液的作用。刃带的作用是引导钻头在钻孔时保持钻削方向，使之不偏斜。为了减少钻头与孔壁间的摩擦，导向部分的直径有倒锥，倒锥量为 0.03/100～0.12/100 mm。

2）麻花钻的切削部分

如图 1–50 所示，麻花钻的切削部分由两个前面、两个主后面、两个副后面、两条主切削刃、两条副切削刃和一条横刃构成。

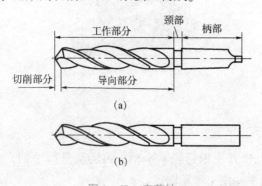

图 1–49　麻花钻
(a) 锥柄麻花钻；(b) 直柄麻花钻

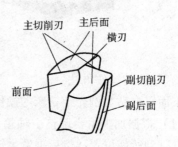

图 1–50　麻花钻的切削部分

（1）前面：螺旋槽的表面为钻头的前面，切屑沿此面流走。

（2）主后面：切削部分顶端两曲面称为主后面，它与工件加工表面（即孔底）相对。

（3）副后面：钻头两侧的刃带与已加工表面相对，称为副后面。

（4）主切削刃：前面与主后面的交线为主切削刃。

（5）副切削刃：前面与副后面的交线为副切削刃，即棱刃。

（6）横刃：两个主后面的交线为横刃。

3）标准麻花钻的刃磨

麻花钻刃磨的目的是使已钝的切削部分恢复锋利，保持正确的几何形状，同时适应不同性质工件材料的加工。

标准麻花钻的刃磨要求如下：

（1）顶角：一般为 $2\phi = 118° \pm 2°$。

（2）后角：当钻头直径小于 15 mm 时，后角为 10°~14°。

（3）横刃斜角：$\psi \approx 55°$。

（4）两个主切削刃长度相等，相对于钻心对称。

（5）钻头后面光滑。

标准麻花钻的刃磨方法如下：

常用标准麻花钻只刃磨两个主后面和修磨横刃，但刃磨以后要保证顶角、横刃斜角以及两主切削刃长短相等、左右等高。修磨横刃后，要使钻头在钻孔过程中切削轻快、排屑正常。

口诀一："刃口摆平轮面靠。"这里是指钻头与砂轮的相对位置，即没有把刃口摆平就靠在砂轮上开始刃磨，肯定是磨不好的。这里"刃口"是指主切削刃，"摆平"是指被刃磨部分的主切削刃处于水平位置。"轮面"是指砂轮表面。"靠"是指慢慢靠拢。此时钻头还不能接触砂轮。

口诀二："钻轴斜放出锋角。"这里是指钻头轴心线与砂轮表面之间的位置关系。"锋角"即顶角118° ±2°的1/2，约为60°，这个位置很重要，直接影响钻头顶角大小、主切削刃形状和横刃斜角。这里要牢记60°角度的大小，可做一个120°的角度样板，以便于掌握。

口诀三："由刃向背磨后面。"这里是指从钻头刃口开始对整个后面缓慢刃磨，这样便于散热和刃磨。在巩固口诀一、口诀二操作的基础上，钻头可轻轻接触砂轮，进行较少量刃磨，刃磨时要观察火花的均匀性，要及时调整压力大小，并注意钻头冷却。当冷却后重新开始刃磨时，要继续摆好口诀一、口诀二所说的位置，这一点往往初学时不易掌握，常常会不由自主地改变其位置。

口诀四："上下摆动尾别翘。"这个动作在钻头刃磨过程中也很重要，"上下摆动"易混淆为"上下转动"，使钻头另一主切削刃被破坏。同时钻头尾部不能高翘于砂轮水平中心线之上，否则会使刃口磨钝，无法切削。

标准麻花钻的刃磨方法如图 1 - 51 所示。

3. 钻削运动及钻削用量的选择

1）钻削运动

钻孔时，钻头装夹在钻床的主轴上，工件固定不动，依靠钻头与工件之间的相对运动来

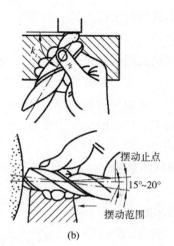

图 1-51　标准麻花钻的刃磨方法

完成钻削加工的运动叫钻削运动。钻孔时，钻头必须同时完成两个运动：一是主运动即钻头绕其轴线的旋转运动，它是切下切屑所需的基本运动；二是进给运动，即钻头沿轴线方向的移动，它是使被切削工件连续投入切削的运动。

钻削时，钻头是在半封闭的状态下进行的，转速高，切削量大，排屑困难，摩擦严重，钻头易抖动，因此加工精度较低，尺寸精度只能达到 IT11～10，表面粗糙度只能达到 Ra 25～100 μm，适用于加工精度要求不高的孔或做孔的粗加工。

2）钻削用量及其选择

钻削用量包括切削速度、进给量和背吃刀量三要素。

（1）切削速度（v_c）：钻孔时钻头直径上的线速度，可由下式计算。

$$v_c = \pi D n / 1\,000$$

式中：D——钻头直径（mm）；

　　　n——钻头转速（r/min）；

　　　v_c——切削速度（m/min）。

（2）进给量（f）：主轴转一转，钻头与工件沿轴线的相对移动量，单位为 mm/r。

（3）背吃刀量（a_p）：已加工表面与待加工表面之间的垂直距离，钻削时 $a_p = D/2$。

钻削用量的选择：

（1）背吃刀量的选择：背吃刀量由钻头直径决定，直径 D 小于 30 mm 的孔一次钻出。直径为 30～80 mm 的孔可分为两次钻削，先用 $(0.5～0.7)D$ 的钻头粗钻，然后用直径为 D 的钻头将孔扩大。

（2）进给量的选择：高速钢钻头进给量可参考表 1-14 选取。

表 1-14　高速钢标准麻花钻的进给量

钻头直径 D/mm	<3	3～6	6～12	12～15	>25
进给量 f/(mm·r^{-1})	0.025～0.05	0.05～0.10	0.10～0.15	0.15～0.38	0.38～0.62

当孔的精度要求较高和粗糙度要求较小时，应取较小的进给量。当钻孔较深、钻头较长时也应取较小的进给量。

（3）切削速度的选择：可按下列公式确定钻床主轴转速：

$$n = 1\,000v/(\pi D)\,(\text{r/min})$$

4. 钻孔方法

1）钻孔的方法

钳工钻孔方法与生产规模有关，单件小批量生产时，要借助划线来保证其钻孔位置的正确性。下面主要介绍划线钻孔的方法。

（1）钻孔前划线：当钻直径较大的孔时，应划出几个大小不等的检查圆，如图 1-52（a）所示，以便钻孔时检查并校正孔的位置。

当钻孔的位置精度要求较高时，可直接划出以孔中心线为对称中心的几个大小不等的方格，如图 1-52（b）所示，作为钻孔的检查线。然后将中心的样冲眼冲大，以便使钻头定心。

钻孔前必须按孔的位置、尺寸要求划出孔位的十字中心线，并打上中心样冲眼。要求冲眼要小，位置要准确。孔将钻穿时，钻头切削刃会被孔底剩余部分材料咬住，工件会产生很大的扭力，并随着钻头旋转。因此，这时的进给量应减小。如果是机动进给，则应改为手动进给，以免折断钻头或破坏孔的加工质量。

（2）钻头的安装：用台钻钻削直径小于 13 mm 的孔时，应选用直柄钻头，在钻夹头中装夹，钻头伸入钻夹头中的长度不小于 15mm。钻夹头上有三个小孔，通过用钻钥匙转动，可使三个卡爪伸出或缩进，将钻头夹紧或松开，如图 1-53 所示。

钻削直径为 13 mm 以上的孔时，应选用柄部为外莫氏锥度的钻头。随着钻头直径的增大，柄部的莫氏锥度号数也增大。较小的钻头不能与钻床主轴的内莫氏锥度相配合，必须选用相应的钻套与其连接起来才能进行钻孔。莫氏扁头钻套如图 1-54 所示。

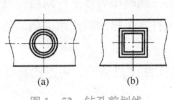

图 1-52 钻孔前划线

(a)   (b)

图 1-53 钻夹头和扳手

图 1-54 莫氏扁头钻套

在每个钻套的上端有一扁尾，套筒内腔和主轴锥孔上端均有一扁槽，钻头或钻套的扁尾沿主轴锥孔进入扁槽中，防止它们在主轴孔中转动，并传递转矩，使钻头顺利工作。

扁尾的下部有一长椭圆槽，安装钻头或钻套时，将扁尾的厚度方向对准钻套或主轴上的椭圆槽宽度方向，同时可在椭圆槽中插入楔铁拆卸钻头或钻套。拆卸时，楔铁的圆弧面放在上方，手握钻头，或将主轴稍向下移，工作台上垫木板，敲击楔铁大端，迫使钻头或钻套与主轴脱离，其下端落在木板上，上移主轴，钻头与钻套即可取下。

（3）工件的装夹：如图1-55所示，根据工件形状及钻削力的大小，可采用不同装夹方法来保证钻孔的质量和安全。若工件较小，可用手虎钳装夹工件钻孔；若工件较长，可以在工作台上固定一物体，将长工件紧靠在该物体上进行钻孔；在较平整、略大的工件上钻孔时，可将其夹持在机用虎钳上进行钻孔。

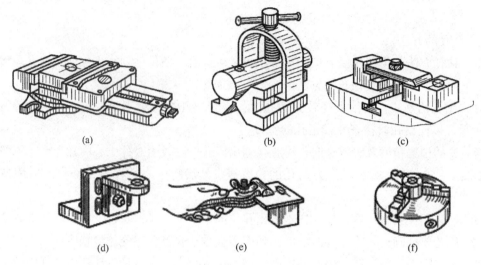

图1-55　工件的装夹方法

（a）平口钳装夹；（b）V形铁装夹；（c）压板、螺栓装夹；

（d）角铁装夹；（e）手虎钳装夹；（f）自定心卡盘装夹

若钻削力较大，可先将机用虎钳用螺栓固定在机床工作台上，然后再钻孔；在圆柱表面上钻孔时，应将工件安放在V形铁中固定；另外，根据工件的形状可以选用压板、自定心卡盘或专用工具等进行装夹。

2）起钻和手进给操作

（1）起钻：钻孔时，先将钻头对准样冲眼钻一浅坑，观察其与划线圆周是否同心。如果偏心，则应及时校正。校正方法：如果偏位较少，可在钻削的同时用力将工件向偏位反方向推移，达到逐步校正的目的；如偏位较多，可在校正方向上打几个样冲眼或用油槽錾錾出几条小槽，以减少此处的钻削阻力，达到校正的目的。

（2）手进给操作：当起钻满足孔位置要求后，即可固定工件完成钻孔。手进给操作时应注意以下几方面：

①手进给时，不应用力过大，否则会造成钻头弯曲、孔径歪斜。

②钻小孔或深孔时，进给量要小，并要及时退钻排屑，以免切屑阻塞而折断钻头。一般在钻深达直径的3倍时，一定要退钻排屑。

③孔快钻穿时，进给力必须减小，以防进给量突然增大，造成钻头突然折断，或使工件随钻头转动造成事故。

3）钻孔时使用的切削液

钻孔过程中，切屑变形及钻头和工件的摩擦将产生大量切削热，会引起切削刃退火和严重损坏，降低切削能力，影响加工质量。所以，钻削时应注入充足的切削液以降低切削温度和增加润滑性能，提高钻头耐用度，保证钻孔质量和提高钻孔效率。

钻钢件时，可用 3%～5% 的乳化液；钻铸铁时，一般不加切削液，或用 5%～8% 的乳化液连续加注。

二、工作步骤

（1）按图 1-46 所示要求对以前加工过的凸形工件进行修整，重点修整基准面 A 和 B 的垂直度，垂直度误差不大于 0.03 mm，保证宽度尺寸为 50 mm ± 0.05 mm，表面粗糙度值不大于 Ra 3.2 μm。

（2）划线。

①以 B 面为基准，划出 10 mm 的尺寸线。

②以 A 面为基准，划出工件的对称中心线，再以此中心线为基准划出 26 mm 的两个侧面尺寸线。

（3）打样冲眼：根据划线找到两孔的中心位置，用样冲打出样冲眼，并用游标卡尺检验样冲眼的位置是否正确。

（4）钻孔：装夹好工件和 ϕ6.7 mm 的钻头，进行钻孔。

（5）去飞边，对孔的尺寸和位置精度进行全面检测。

1.4.4 项目总结

一、检测与反馈

凸形工件孔加工评分标准如表 1-15 所示。

表 1-15 凸形工件孔加工评分标准

序号	项目和技术要求	实训记录	配分	得分
1	2 × ϕ6.7		40	
2	26 ± 0.1		20	
3	10 ± 0.1		40	
4	安全文明生产		违规者此项实训不合格	
总得分				

二、钻孔时可能出现的问题

钻孔时由于钻头刃磨不好、切削用量选择不当、工件装夹不合理、钻头安装不当等原因，会产生废品或损坏钻头。钻孔时常见的问题及原因如表 1-16 所示。

表 1 - 16 钻孔时常见的问题及原因

问题	原因
孔径扩大	1. 钻头两切削刃长度不等，顶角不对称； 2. 钻头摆动
孔壁粗糙	1. 钻头不锋利； 2. 进给量太大； 3. 后角太大； 4. 冷却润滑不充分
钻孔偏移	1. 划线或样冲眼中心不准； 2. 工件装夹不稳固； 3. 钻头横刃太长； 4. 钻孔开始阶段未找正
钻孔歪斜	1. 钻头与工件表面不垂直； 2. 进给量太大，钻头弯曲； 3. 横刃太长，定心不良
钻头折断	1. 用钝钻头钻孔； 2. 进给量太大； 3. 切屑在螺旋槽中塞住； 4. 孔刚钻穿时，进给量突然增大； 5. 工件松动； 6. 钻薄板或铜料时钻头未修磨； 7. 钻孔已歪而继续钻削
钻头磨损过快	1. 切削速度太高，而冷却润滑又不充分； 2. 钻头刃磨不适应工件材料

1.4.5 拓展案例

一、拓展练习

完成图 1 - 56 所示限位块的孔加工。

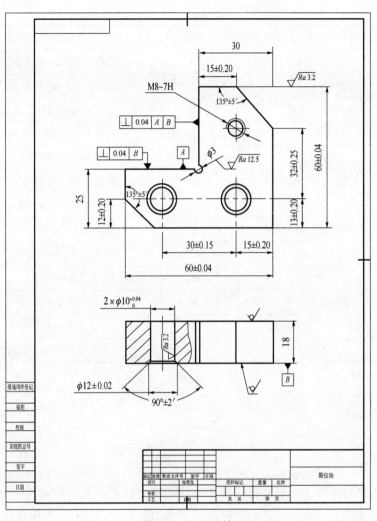

图 1 - 56 限位块

二、检测与反馈

限位块加工评分标准如表 1 - 17 所示。

表 1 - 17 限位块加工评分标准

序号	项目	配分	评分标准	得分
1	60 ± 0.04（2 处）	5	超差 0.02 mm 扣 2 分	
2	30	5	超差 0.02 mm 扣 2 分	
3	25	5	超差 0.02 mm 扣 2 分	
4	$\phi 12 \pm 0.02$	5	超差 0.1 mm 扣 2 分	
5	12 ± 0.20	5	超差 0.1 mm 扣 2 分	
6	135° ± 5′（2 处）	5	超差 5′ 扣 2 分	

续表

序号	项目	配分	评分标准	得分
7	⊥ | 0.04 | B	5	超差 0.02 mm 扣 2 分	
8	⊥ | 0.04 | A | B	5	超差 0.02 mm 扣 2 分	
9	$\sqrt{}$ Ra 3.2（8 处）	8	1 处升高一级扣 1 分	
10	$2 \times \phi 10^{+0.04}_{0}$	5	不符合要求全扣	
11	M8 – 7H	5	不符合要求全扣	
12	30 ± 0.15	5	超差 0.05 mm 扣 2 分	
13	15 ± 0.20（2 处）	5	1 处超差 0.1 mm 扣 2 分	
14	13 ± 0.20	5	超差 0.1 mm 扣 2 分	
15	32 ± 0.25	2	超差 0.1 mm 扣 2 分	
16	$\sqrt{}$ Ra 12.5	5	升高一级全扣	
17	使用工具正确	5	1 处不正确扣 2 分	
18	加工姿势正确	5	1 处不正确扣 2 分	
19	安全文明生产	10	按照有关安全操作规程在总分中扣除	

 知识拓展

一、扩孔

利用扩孔工具对工件上已有的孔进行扩大的加工方法叫扩孔，扩孔精度比钻孔精度高。公差等级一般可达 IT10 ~ IT19，表面粗糙度可达 Ra 12.5 ~ 3.2 μm。扩孔常作为孔的半精加工，也普遍用作铰孔前的预加工。

1. 扩孔的特点

（1）由于扩孔钻有较多的切削刃，强度高，导向性好，切削平稳，不仅提高了孔的加工质量，而且还提高了劳动生产率。

（2）由于扩孔钻的钻心较粗，刚度较好，所以可以增大进给量。

（3）扩孔钻没有横刃，可避免由横刃引起的一些不良影响。

（4）由于背吃刀量 a_p 较小，因此排屑容易，加工表面质量较好。

2. 扩孔的操作要点

（1）扩孔钻多用于成批大量生产。小批量生产中，常用麻花钻代替扩孔钻；此时，应适当减小钻头前角，以防止扩孔时扎刀。

（2）用麻花钻扩孔时，扩孔前钻孔直径为 50% ~ 70% 的要求孔径；用扩孔钻扩孔时，扩孔前钻孔直径为 90% 的要求孔径。

（3）扩孔的切削速度为钻孔的 1/2。

（4）扩孔的进给量为钻孔的 $1.5 \sim 2.0$ 倍。

（5）钻孔后，在不改变工件与机床主轴相互位置的情况下，应立即换上扩孔钻进行扩孔，使钻头与扩孔钻的中心重合，保证加工质量。

二、锪孔

用锪孔钻在孔口表面加工出一定形状的孔和表面的方法，称为锪孔。锪孔的目的是保证孔与连接件具有正确的相对位置，使连接可靠。

1. 锪孔的类型

根据形式不同，锪孔可分为锪圆柱形沉孔、锪圆锥形沉孔和锪平面等。锪孔的工具主要是锪孔钻。根据应用不同，锪孔钻也有不同的形式。

2. 锪孔的操作要点

（1）锪孔时，进给量可稍大些，一般为钻孔的 $2 \sim 3$ 倍，而切削速度应比钻孔低，一般为钻孔的 $1/3 \sim 1/2$。精锪时，可利用钻床停车后主轴的惯性来锪孔，以减少振动而获得光滑的表面。

（2）使用麻花钻改制的锪孔钻时，尽量选用较短的钻头，并适当减小后角和外缘处的前角，以防止产生扎刀和减少振动。

（3）锪钢件时，因切削发热量大，应对导柱和切削表面进行冷却和润滑。

（4）注意安全生产，确保刀杆和工件装夹可靠。

3. 锪孔的注意事项

（1）锪孔时，手动进给压力不宜过大。

（2）锪孔时，先调整好需加工孔与锪孔钻的同轴度，再将工件夹紧。

（3）锪孔深度可用钻床上的标尺进行控制。

（4）出现多角形振纹等加工缺陷时，应立即停止加工。造成缺陷的原因可能是工件装夹不牢、麻花钻改制时刃磨不当、锪孔速度太高、切削液选择不当等，应及时找出原因并进行修正。

三、铰孔

用铰刀从工件的孔壁上切除微量金属，以得到精度较高的孔的加工方法称为铰孔。

1. 铰刀的种类

铰刀按照使用方式分为手用铰刀、机用铰刀，按照铰孔的形状分为圆柱铰刀、圆锥铰刀，按照铰刀容屑槽分为直槽铰刀、螺旋槽铰刀，按照结构分为整体式铰刀、可调式铰刀，按照材质分为高速钢铰刀、工具钢铰刀、硬质合金铰刀。

（1）标准圆柱铰刀：标准圆柱铰刀由工作部分（切削部分、校准部分）、颈部、柄部组成，如图 1-57 所示。其主要结构参数包括切削锥角 2φ、前角 γ、后角 α、校准部分棱边宽度 f、齿数 z、铰刀直径 D。

（2）可调铰刀：可调铰刀是指铰刀的刃径可经数次微小调整再次使用的铰刀，可大大降低铰刀的损耗，从而降低加工成本。

（3）锥铰刀：锥铰刀用于铰削圆锥孔。

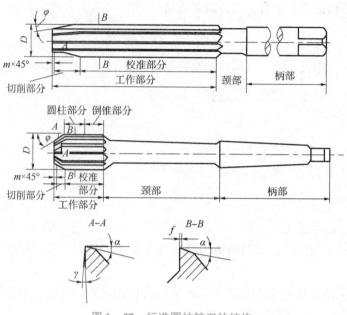

图1-57 标准圆柱铰刀的结构

（4）螺旋槽铰刀：螺旋槽铰刀具有切削轻快、平稳、排屑好的优点。螺旋槽铰刀的排屑槽能够顺利排出铰孔铰下的金属屑，可使铰孔精度更高，不会出现金属屑划伤孔壁的情况。铰孔孔壁光滑、通顺。

（5）硬质合金机用铰刀：硬质合金机用铰刀的切削刃由硬质合金制成。硬质合金具有硬度高、耐磨、强度和韧性较好、耐热、耐腐蚀等一系列优良性能，特别是它的高硬度和耐磨性，即使在500 ℃的温度下也基本保持不变，在1 000 ℃时仍有很高的硬度。硬质合金刀具的物理性能均衡，是非常理想的刀具材料。

2. 铰孔的工作要领

装夹要可靠，将工件夹紧夹正。对于薄壁零件，要防止夹紧力过大而将孔夹扁。手铰时，两手用力要平衡、均匀、稳定，以免在孔的进口处出现喇叭孔或孔径扩大；进给时，不要猛力推压铰刀，而应一边旋转，一边轻轻加压，否则孔表面会很粗糙。

铰刀只能正转，否则切屑扎在孔壁和刀齿后面之间，既会将孔壁拉毛，又易使铰刀磨损，甚至使刀崩裂。

当手铰刀被卡住时，不要猛力扳转铰手，而应及时取出铰刀，清除切屑，检查铰刀后再继续缓慢进给。

机铰退刀时，应先退刀，再停车。铰通孔时，铰刀的校准部分不要全部出头，以防止孔的下端被刮坏。

机铰时要注意机床主轴、铰刀、待铰孔三者的同轴度是否符合要求。对于高精度孔，必要时可以采用浮动铰刀夹头装夹铰刀。

单元二 车削加工技术

　　车削加工就是在车床上利用工件的旋转运动和刀具的直线运动来改变毛坯的形状和尺寸，把它加工成符合图样要求的零件。车削加工的范围很广，就其基本内容来说，有车外圆、车端面、车槽、切断、钻中心孔、钻孔、车孔、铰孔、车螺纹、车圆锥面、车成形面、滚花和绕弹簧等，如图 2-1 所示。如果在车床上安装其他附件和夹具，还可以进行磨削、珩磨、抛光、车多边形。车削加工的尺寸精度一般可达 IT9 ~ IT7，表面粗糙度可达 Ra 6.3 ~ 0.8 μm。

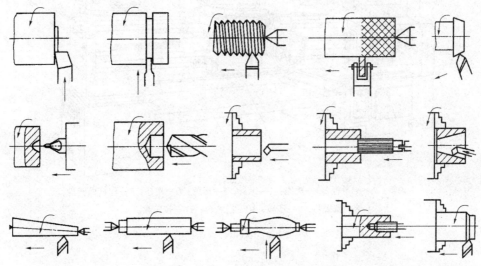

图 2-1　CA6140 车床加工的典型表面

　　车床的种类很多，有卧式车床、立式车床、转塔车床、仿形车床、自动车床等。车床型号同其他机床型号一样，用代号简明地表示车床的类别、主要技术参数、结构特性等。我国目前的机床型号，遵循 GB/T 15375—1994《金属切削机床　型号编制方法》，它由汉语拼音字母及阿拉伯数字组成。如常用的 CA6140 车床型号中的字母和数字的含义如下：

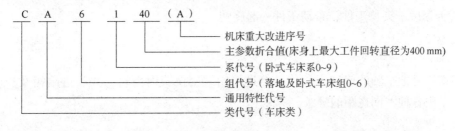

C A 6 1 40 (A)

机床重大改进序号
主参数折合值(床身上最大工件回转直径为400 mm)
系代号（卧式车床系0~9）
组代号（落地及卧式车床组0~6）
通用特性代号
类代号（车床类）

车工是机械加工中的主要工种之一，目前在机械制造业中，车床的配置大约占到35%，故车削加工在机械加工中具有重要的地位和作用。

项目一 CA6140 车床的操作

2.1.1 项目提出

通过本项目，熟悉 CA6140 车床各部分的名称及功用，如图 2-2 所示；会熟练操作 CA6140 车床。

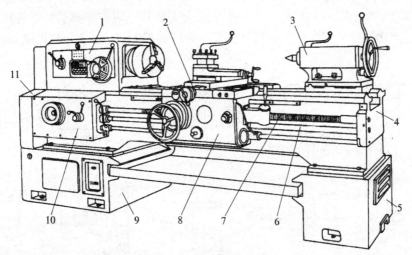

1—主轴箱；2—中滑板；3—尾座；4—床身；5—床腿；6—光杠；7—丝杠回转盘；
8—溜板箱；9—床鞍；10—进给箱；11—挂轮箱。

图 2-2 CA6140 车床

2.1.2 项目分析

一、主轴部分

（1）主轴箱内有多组齿轮变速机构，变换箱外手柄位置，可以使主轴得到各种不同的转速。

（2）卡盘用来夹持工件，带动工件一起旋转。

二、挂轮箱部分

它的作用是把主轴的旋转运动传送给进给箱。变换箱内齿轮，并和进给箱及长丝杠配合，可以车削各种不同螺距的螺纹。

三、进给部分

（1）进给箱：利用它内部的齿轮传动机构，可以把主轴传递的动力传给光杠或丝杠得到各种不同的转速。

（2）丝杠：用来车削螺纹。

（3）光杠：用来传递动力，带动床鞍、中滑板，使车刀做纵向或横向的进给运动。

四、溜板部分

（1）溜板箱：变换箱外手柄位置，在光杠或丝杠的传动下，可使车刀按要求方向做进给运动。

（2）滑板：分床鞍、中滑板、小滑板三种。床鞍做纵向移动，中滑板做横向移动，小滑板通常做纵向移动。

（3）刀架：用来装夹车刀。

五、尾座

尾座用来安装顶尖、支顶较长工件；它还可以用来安装其他切削刀具（如钻头、铰刀等）。

六、床身

床身是车床精度要求很高的带有导轨（山形导轨和平导轨）的一个大型基础部件，床鞍和尾座可沿着导轨移动。同时用来支撑和连接车床的各个部件，并保证各部件在工作时有准确的相对位置。

2.1.3　项目实施

一、主轴箱的变速操作训练

1. 操作说明

不同型号、不同厂家的车床主轴变速操作不尽相同，详见车床说明书。这里主要以CA6140 车床为例。

2. 操作训练内容

（1）调整主轴箱转速至 160 r/min、450 r/min、1 400 r /min。

（2）选择车削右旋螺纹和车削左旋螺纹的手柄位置。

二、进给箱操作训练

1. 操作说明

实际操作应根据加工要求和进给量调配表来确定手轮和手柄的具体位置。

2. 操作训练内容

（1）确定车削螺距为 1 mm、1.5 mm、2 mm 的米制螺纹在进给箱上手轮和手柄的位置，并调整之。

（2）确定选择纵向进给量为 0.46 mm、横向进给量为 0.20 mm 时手轮和手柄的位置，并调整之。

三、溜板部分的操作训练

1. 操作说明

（1）床鞍的纵向移动由正面左侧的大手轮控制，当顺时针转动手轮时，床鞍向右移动；逆时针转动手轮时，床鞍向左移动。

（2）中滑板手柄控制中滑板的横向移动和横向进给量。当顺时针转动手柄时，中滑板向远离操作者的方向移动（即横向进刀）；逆时针转动手柄时，中滑板向操作者方向移动（横向移动）。

（3）小滑板可做短距离的纵向移动。小滑板手柄顺时针转动时，小滑板向左移动；小滑板手柄逆时针转动时，小滑板向右移动。

2. 操作训练内容

（1）熟练操作使床鞍做左右纵向移动。

（2）熟练操作使中滑板做横向进、退刀移动。

（3）熟练操作控制小滑板沿纵向做短距离左右移动。

四、刻度盘及分度盘的操作训练

1. 操作说明（以 **CA6140** 车床为例）

（1）溜板箱正面大手轮上的刻度盘分 300 格，每转过一格，表示床鞍纵向移动 1 mm。

（2）中滑板丝杠上的刻度盘分 100 格，每转过一格，表示刀架横向移动 0.05 mm。

（3）小滑板丝杠上的刻度盘分 100 格，每转过一格，表示刀架纵向移动 0.05 mm。

（4）小滑板上的分度盘在刀架上斜向进刀加工短锥体时，可顺时针或逆时针在 90° 范围内转过某一角度。使用时先松开锁紧螺母，转动小滑板至所需要的角度后，再锁紧螺母以固定小滑板。

2. 操作训练内容

（1）若刀架需向左纵向移动 250 mm，则应该操纵哪个手柄？其刻度盘转过的格数为多少？请实施操作。

（2）若刀架横向移动 0.5 mm，中滑板手柄刻度盘应朝什么方向转动？转过多少格？请实施操作。

（3）若车制圆锥角 $\alpha = 30°$ 的正锥体（即小头在右），小滑板分度盘应如何转动？请实施操作。

五、刀架的操作训练

1. 操作说明

方刀架相对于小滑板的转位和锁紧，依靠刀架上的手柄控制刀架定位、锁紧元件来实现。逆时针转动刀架手柄，刀架可逆时针转动，以调换车刀；顺时针转动刀架手柄时，刀架则被锁紧。

2. 操作训练内容

（1）在刀架上不装夹车刀时进行刀架转位和锁紧的操作训练。

（2）在刀架上安装 4 把车刀后，再进行刀架转位和锁紧训练。

六、尾座的操作训练

1. 操作说明

尾座可在床身内侧的山形导轨和平导轨上沿纵向移动，并依靠尾座架上的锁紧螺母使尾座固定在床身上的任一位置。转动尾座右端手轮，可使尾座套筒做进退移动。

2. 操作训练内容

（1）做尾座套筒进退操作训练，掌握操作方法。

（2）做尾座沿床身向前移动、固定操作训练，掌握操作方法。

七、三爪自定心卡盘卡爪的装配操作训练

1. 操作说明

（1）卡爪有正、反两副。正卡爪用于装夹外圆直径较小和内孔直径较大的工件；反卡爪用于装夹外圆直径较大的工件。

（2）安装卡爪时，要按卡爪上的号码依 1、2、3 的顺序装配。

（3）将卡盘扳手的方榫插入卡盘外壳圆柱面上的方孔中，按顺时针方向旋转，以驱动大锥齿轮背面的平面螺纹，当平面螺纹的螺扣转到将要接近壳体上的 1 槽时，将 1 号卡爪插入壳体槽内，继续顺时针转动卡盘扳手，在卡盘壳体上的 2 槽、3 槽处依次装入 2 号、3 号卡爪。拆卸卡爪的操作方法与之相反。

2. 操作训练内容

装拆正、反卡爪练习。

八、纵横向进给和进退刀动作训练

1. 操作方法

（1）纵向手动进给：操作时应站在床鞍手轮的右侧。

（2）横向手动进给：双手交替摇动中滑板手柄。

（3）纵横向同时进给：左手握床鞍手轮，右手握中滑板手柄，使床鞍和中滑板同时向卡盘移动。退刀时则正好相反。

2. 操作要求

（1）手动进给要求进给速度达到慢而均匀且不间断。

（2）进退刀操作要求反应敏捷，动作正确且必须十分熟练，否则，在车削过程中动作

一旦失误，便会造成工件报废。

2.1.4 项目总结

一、车床安全使用注意事项

1. 安全文明生产的重要性

坚持安全文明生产是生产工人和设备的安全保障，是防止工伤和设备事故的根本保证，同时也是学生车间实习科学管理的一个十分重要的手段。它直接影响到人身安全、实习质量和实习效率，影响设备和工、夹、量具的使用寿命和实习学生技术水平的正常发挥。安全文明生产的一些具体要求是在长期生产活动中的实践经验和血的教训的总结，要求操作者必须严格执行。

2. 安全生产的注意事项

（1）工作时应穿工作服、戴袖套。女同志应戴工作帽，将长发塞入帽子里。夏季禁止穿裙子、短裤和凉鞋上机操作。

（2）工作时，头不能离工件太近，以防切屑飞入眼中。为防切屑崩碎飞散，必须戴防护眼镜。

（3）工作时，必须集中精力，注意手、身体和衣服不能靠近正在旋转的机件，如工件、带轮、皮带、齿轮等。

（4）工件和车刀必须装夹牢固，否则会飞出伤人。卡盘必须装有熔断装置。装夹好工件后，卡盘扳手必须随即从卡盘上取下。

（5）在装卸工件、更换刀具、测量加工表面及变换速度时，必须先停车。

（6）车床运转时，不得用手去摸工件表面，尤其是加工螺纹时，严禁用手抚摸螺纹面，以免伤手。严禁用棉纱擦抹转动的工件。

（7）应用专用铁钩清除切屑，绝不允许用手直接将其清除。

（8）在车床上操作不准戴手套。

（9）毛坯棒料从主轴孔尾端伸出不得太长，并应使用料架或挡板防止甩弯后伤人。

（10）不准用手去刹住转动着的卡盘。

（11）不要随意拆装电气设备，以免发生触电事故。

（12）工作中若发现机床、电气设备有故障，应及时申报，由专业人员检修，未修复不得使用。

（13）工、夹、量具应放置在指定位置，不得随意乱放，以防止掉落到机床上。

二、车床文明生产的要求

（1）开车前检查车床各部分机构及防护设备是否完好，各手柄是否灵活、位置是否正确。检查各注油孔，并进行润滑。然后使主轴空运转 1~2 min，待车床运转正常后才能工作。若发现车床有故障，应立即停车、申报检修。

（2）主轴变速必须先停车，变换进给箱手柄要在低速进行。为保持丝杠的精度，除车削螺纹外，不得使用丝杠进行机动进给。

（3）刀具、量具及工具等的放置要稳妥、整齐、合理；有固定的位置，便于操作时取用，用后应放回原处。主轴箱盖上不应放置任何物品。

（4）工具箱内应分类摆放物件。精度高的应放置稳妥，重物放下层、轻物放上层，不可随意乱放，以免损坏和丢失。

（5）正确使用和爱护量具。经常保持清洁、用后擦净、涂油、放入盒内，实习结束后及时归还给工具室。对所使用量具必须定期校验，以保证其度量准确。

（6）不允许在卡盘及床身导轨上敲击或校直工件，床面上不准放置工具或工件。装夹、找正较重工件时，应用木板保护床面。下班时若工件不卸下，应用千斤顶支撑。

（7）车刀磨损后，应及时刃磨，不允许用钝刃车刀继续车削，以免增加车床负荷、损坏车床，影响工件表面的加工质量和生产效率。

（8）实习生产的零件，应及时送检。在确认合格后，方可继续加工。精车工件要注意防锈处理。

（9）毛坯、半成品和成品应分开放置。半成品和成品应堆放整齐、轻拿轻放，严防碰伤已加工表面。

（10）图样、工艺卡片应放置在便于阅读的位置，并注意保持其清洁和完整。

（11）使用切削液前，应在床身导轨上涂润滑油。若车削铸铁或气割下料的工件，应擦去导轨上的润滑油。铸件上的型砂、杂质应尽量去除干净，以免损坏床身导轨面。切削液应定期更换。

（12）工作场地周围应保持清洁整齐，避免杂物堆放，防止绊倒。

（13）工作完毕后，将所用过的物件擦净归位，清理机床、刷去切屑、擦净机床各部位的油污；按规定加注润滑油，最后把机床周围打扫干净；将床鞍摇至床尾一端，各转动手柄放到空挡位置，关闭电源。

（14）在指定的车床上实训，多人共用一台车床时，只允许一人操作，其他人在安全地方等待，并相互注意安全。

三、车床的润滑与维护保养

为了保持车床正常运转和延长其使用寿命，应注意日常的维护保养。对车床的摩擦部分必须进行润滑。

1. 车床润滑的方式

（1）浇油润滑：通常用于外露的滑动表面，如床身导轨面和滑板导轨面等。

（2）溅油润滑：通常用于密封的箱体中，如车床的主轴箱，它利用齿轮转动把润滑油溅到油槽中，然后输送到各处进行润滑。

（3）油绳导油润滑：通常用于车床溜板箱的油池中，它利用毛线吸油和渗油的能力，把机油慢慢地引到所需要的润滑处，如图2-3（a）所示。

（4）弹子油杯注油润滑：通常用于尾座和滑板手柄转动的轴承处。注油时，以油嘴把弹子按下，滴入润滑油，如图2-3（b）所示。使用弹子油杯的目的，是防尘防屑。

（5）黄油（油脂）杯润滑：通常用于车床挂轮架的中间轴。使用时，先在黄油杯中装满工业油脂，当拧进油杯盖时，油脂就挤进轴承套内，比加机油方便。使用油脂润滑的另一特点是：存油期长，不需要每天加油，如图 2 – 3（c）所示。

（6）油泵输油润滑：通常用于转速高、润滑油需要量大的机构中，如车床的主轴箱一般采用油泵输油润滑。

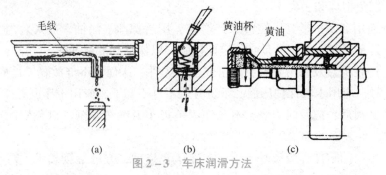

图 2 – 3　车床润滑方法

（a）油绳导油润滑；（b）弹子油杯注油润滑；（c）黄油（油脂）杯润滑

2. 车床的润滑系统

图 2 – 4 所示为 CA6140 车床的润滑系统。图中润滑部位用数字标出，除所注②处的润滑部位是用 2 号钙基润滑脂进行润滑外，其余各部位都用全损耗系统用油润滑。图中⑩表示每班加一次 30 号全损耗系统用油，图中 30/7 的分子表示油类号为 L – AN46 全损耗系统用油，分母表示两班制工作时换油间隔天数为 7 天。换油时，应将废品油放尽，然后用煤油把箱体内冲洗干净，再注入新全损耗系统用油。注油时应用网过滤，且油面不得低于油标中心线。

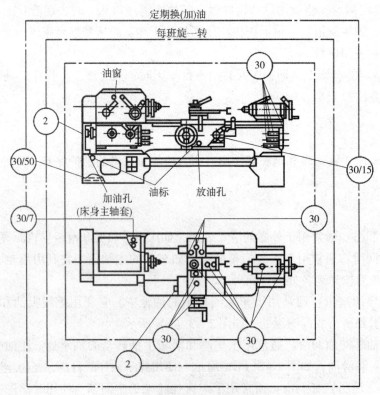

图 2 – 4　CA6140 车床润滑部位

3. 车床的日常清洁维护保养要求

（1）每班工作后应擦净车床导轨面（包括中滑板和小滑板），要求其上无油污、无铁屑，并浇油润滑，使车床外表清洁。

（2）每班工作结束后应清扫切屑盘及车床周围场地，保持场地清洁。

（3）每周要求车床三个导轨面及转动部位清洁、润滑，油眼畅通，油标、油窗清晰，清洗护床油毛毡，并保持车床外表清洁和场地整齐。

4. 车床的一级保养

通常车床运行 500 h 后，需要进行一级保养。一级保养工作以操作工人为主，在维修人员配合下进行。保养时，必须先切断电源，以确保安全。

四、车床切削液的选用

工件在切削过程中会产生大量的热量，特别是在车刀切削区域温度很高。切削区域的高温会使工件产生变形，甚至烧伤表面，使刀具硬度降低而加剧磨损，缩短其使用寿命。同时切削热也可能使已加工表面组织和应力发生变化，影响已加工表面质量。因此，在车前加工过程中合理选择切削液很重要。

1. 切削液的作用

（1）冷却作用：切削液能吸收并带走切削区大量的热量，降低刀具和工件的温度，从而延长刀具的使用寿命；还能防止工件因热变形而产生的尺寸误差。

（2）润滑作用：切削液能渗透到刀具与切屑、加工表面之间形成润滑膜或化学吸附膜，减轻摩擦。其润滑性能取决于切削液的渗透能力、形成润滑膜的能力和强度。

（3）清洗作用：切削液可以冲走切削区域和机床上的细碎切屑和脱落的磨粒，防止划伤已加工表面和导轨。清洗性能取决于切削液的流动性和使用压力。

（4）防锈作用：在切削液中加入防锈剂，可在金属表面形成一层保护膜，起到防锈作用。防锈作用的强弱，取决于切削液本身的成分和添加剂的作用。

2. 切削液的分类

（1）乳化液：主要起冷却作用。它是把乳化油用 15～20 倍的水稀释而成的，使用这类切削液主要是为了冷却刀具和工件，延长刀具寿命，减少热变形。

（2）切削油：主要起润滑作用。它的主要成分是矿物油（如 L–ANI5、L–AN32 全损耗系统用油）及煤油等，少数采用动植物油（如猪油、菜籽油等）。

3. 切削液的选用

切削液应根据加工性质、刀具材料、工件材料和工艺要求等具体情况合理选用。

（1）从加工性质考虑：粗加工时加工余量和切削用量较大，产生大量的切削热，一般采用以冷却为主的乳化液；精加工主要保证工件的精度和表面质量，一般多采用以润滑为主的切削油。

（2）从刀具材料考虑：高速钢刀具一般应采用切削液，硬质合金刀具一般不用切削液，必要时应充分、连续地浇注切削液，以免冷热不均而使刀具脆裂。

（3）从工件材料考虑：切削钢件一般需用切削液。切削铸铁等脆性金属时，由于切屑碎末会堵塞冷却系统，一般不用切削液。如需要提高表面质量，可用煤油。切削镁合金材料时，不得用任何切削液，以免燃烧起火。

4. 切削液的加注方法

（1）浇注法：浇注法使用方便、广泛，但冷却效果差，切削液消耗量较大。

（2）喷雾法：此时切削液经雾化后，雾状液体在高温的切削区域很快被汽化，因而冷却效果显著，切削液消耗较少。

（3）高压法：当加工深孔或较难加工的材料时，用此法较好。

2.1.5 拓展案例

车床的种类很多，除了常用的卧式车床外，还有立式车床、转塔车床等，如图2-5、图2-6所示。

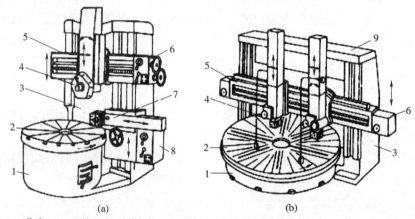

（a）　　　　　　　　　　　（b）

1—底座；2—工作台；3—立柱；4—垂直刀架；5—横梁；6—垂直进给；7—侧刀架；8—侧刀架进给箱；9—顶梁。

图2-5　立式车床

（a）单柱式；（b）双柱式

一、立式车床

立式车床的主轴是垂直的，并有一安装工件的圆形工作台。图2-5（a）所示为单柱立式车床外形。由于工作台处于水平位置，工件的找正和夹紧比较方便，且工件及工作台的重力由床身导轨或推力轴承承受，主轴不产生弯曲。因此立式车床适用于加工较大的盘类及大而短的套类零件。

立式车床上的垂直刀架可沿横梁导轨和刀架座导轨移动，做横向或纵向进给。刀架座可偏转一定角度做斜向进给。侧刀架可沿立柱导轨上下移动，也可沿刀架滑座左右运动，实现纵向或横向进给。

立式车床属于大型机械设备，用于加工径向尺寸大而轴向尺寸相对较小、形状复杂的大型和重型工件，如各种盘、轮和套类工件的圆柱面、端面、圆锥面、圆柱孔、圆锥孔等。亦可借助附加装置进行车螺纹、车球面、仿形、铣削和磨削等加工。立式车床主轴轴线为垂直布局，工作台面处于水平面内，因此工件的装夹与找正比较方便。这种布局减轻了主轴及轴承的载荷，因此立式车床能够较长期地保持工作精度。

二、转塔车床

转塔车床与卧式车床在结构上的主要区别在于它没有尾座和丝杠，卧式车床的尾座由转塔车床的转塔刀架所代替。转塔车床适用于在成批生产中加工形状比较复杂、需要较多工序和较多刀具加工的工件，特别是有内孔和内螺纹的工件，如各种阶梯小轴、套筒、螺钉、螺母、接头、法兰盘和齿轮坯等。

图2-6所示为CB3463-1型转塔车床。转塔刀架可绕垂直轴线转位，它只能做纵向进给，主要用于车削外圆柱面及对内孔做钻、扩、铰或镗加工，还可使用丝锥、板牙等加工内外螺纹。前刀架可做纵横向进给运动，车大直径的外圆柱面和端面，以及加工沟槽和切断等。

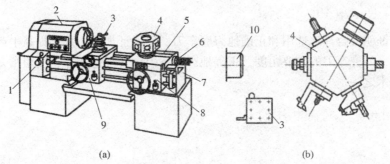

(a)　　　　　　　　　　(b)

1—进给箱；2—主轴箱；3—前刀架；4—转塔刀架；5—纵向溜板；6—定程装置；7—床身；
8—转塔刀架溜板箱；9—前刀架溜板箱；10—主轴。

图2-6 CB3463-1型转塔车床

该机床主传动系统由一双速电动机驱动，采用4组摩擦片式液压离合器和双联滑移齿轮变速，由插销板电液控制，可半自动获得16级不同的转速；六工位的转塔刀架由机、电、液联合控制，实现"快速趋近工件—工件进给—快速退回原位"的工作循环。

机床主轴箱正面装有一较为完善的"矩阵插销板"程序控制系统，可按照事先制定好的零件加工程序（包括加工顺序、辅助工具和刀具的布置，每一工步所选用的主轴转速和进给量等），通过插销板调节机床，使机床按程序完成零件加工的半自动工作循环。

该车床加工前需要将刀架上的全部刀具装调好，加工中无须频繁更换刀具，而且机床上设有纵向、横向行程挡块，加工过程中也无须经常对刀和测量工件尺寸，从而可以大大缩短辅助时间。当零件改变时，只要改变程序并重新调整机床上纵向、横向行程挡块即可。

项目二 车刀的刃磨技术

2.2.1 项目提出

通过本项目，了解车刀的材料、种类及几何角度，初步掌握车刀的刃磨方法及相关知识。磨削图 2-7 所示车刀。

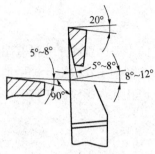

图 2-7　90°外圆车刀

2.2.2　项目分析

生产实践证明，合理地选用和正确地刃磨车刀，对保证加工质量、提高生产效率有极大的影响。因此，研究车刀的主要角度，正确地刃磨车刀，合理地选择、使用车刀是车工必须掌握的关键技术之一。

一、常用车刀的种类和用途

1. 车刀的种类

按不同的用途可将车刀分为外圆车刀、端面车刀、切断刀、内孔车刀、成形车刀和螺纹车刀等，如图 2-8 所示。

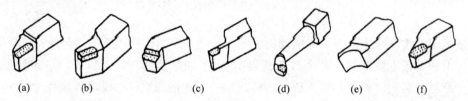

图 2-8　车刀种类

（a）90°外圆车刀；（b）75°外圆车刀；（c）45°外圆、端面车刀；（d）内孔车刀；（e）成形刀；（f）螺纹车刀

2. 车刀的用途

常用车刀的基本用途如图 2-9 所示。

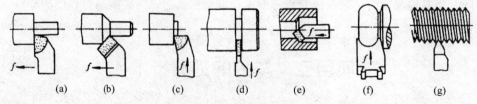

图 2-9　车刀的用途

（a）、（b）车外圆；（c）车端面；（d）切断；（e）车内孔；（f）车成形面；（g）车螺纹

（1）90°车刀（外圆车刀）：又叫偏刀，主要用于车削外圆、台阶和端面。

（2）45°车刀（弯头车刀）：主要用来车削外圆、端面和倒角。

（3）切断刀：用于切断或车槽。

（4）内孔车刀：用于车削内孔。

（5）成形车刀：用于车削成形面。

（6）螺纹车刀：用于车削螺纹。

3. 硬质合金可转位车刀

用机械夹紧的方式将用硬质合金制成的各种形状的刀片固定在相应标准的刀杆上，组合成加工各种表面的车刀。当刀片上的一个切削刃磨钝后，只需将刀片转过适当角度，无须刃磨即可用新的切削刃继续切削。其刀片的装拆和转位都很方便、快捷，从而大大地节省了换刀和磨刀时间，并提高了刀杆的利用率。

二、车刀的几何形状

1. 车刀的组成

车刀由刀柄和刀体组成。刀柄是刀具的夹持部分；刀体是刀具上夹持或焊接刀片的部分或由它形成切削刃的部分，如图 2 – 10 所示。

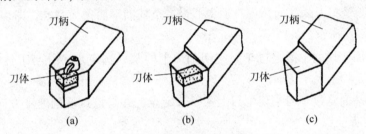

图 2 – 10　车刀的组成

（a）可转位；（b）焊接式；（c）整体式

刀体是车刀的切削部分，它又由"三面两刃一尖"（即前刀面、主后刀面、副后刀面、主切削刃、副切削刃、刀尖）组成，如图 2 – 11 所示。

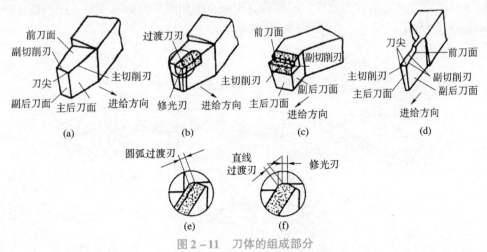

图 2 – 11　刀体的组成部分

（1）前刀面：车刀上切屑流经的表面。

（2）主后刀面：车刀上与工件过渡表面相对的表面。

（3）副后刀面：车刀上与工件已加工表面相对的表面。

（4）主切削刃：前刀面与主后刀面相交的部位，它担负着主要的切削任务（也称主刀刃）。

（5）副切削刃：前刀面与副后刀面相交的部位，靠近刀尖部分参加少量的切削工作。

（6）刀尖：刀尖是主切削刃与副切削刃连接处的那一小部分切削刃。为了增加刀尖处的强度，改善散热条件，在刀尖处磨有圆弧过渡刃。

圆弧过渡刃又称刀尖圆弧。一般硬质合金车刀的刀尖圆弧半径 $r = 0.5 \sim 1$ mm。通常我们称副切削刃前段接近刀尖处的一段平直刀刃为修光刃。装刀时必须使修光刃与进给方向平行，且修光刃长度要大于进给量，才能起到修光的作用。

任何车刀都有上述几个组成部分，但数量不完全一样。图 2 – 11（a）、（b）所示的外圆车刀是由三个刀面、两条刀刃和一个刀尖组成的；而 45°车刀和切断刀 [图 2 – 11（c）、（d）] 则由四个刀面（两个副后刀面）、三条刀刃和两个刀尖组成的。此外，有的刀刃是直线，有的刀刃是曲线，如圆头成形刀的刀刃就为曲线，其后刀面为曲面。

2. 确定车刀角度的辅助平面

为了确定和测量车刀的几何角度，通常假设三个辅助平面作为基准，即切削平面、基面和截面，如图 2 – 12 所示。

（1）切削平面：切削平面是过车刀主切削刃上的某一选定点，并与工件的过渡表面相切的平面，如图 2 – 12（a）所示。

（2）基面：基面是过车刀主切削刃上某一选定点，并与该点切削速度方向垂直的平面，如图 2 – 12（a）所示。

由于过主切削刃上某一选定点的切削速度方向和过该点并与工件上的过渡表面相切的平面的方向是一致的，所以基面与切削平面相互垂直。

（3）截面：截面有主截面和副截面之分。过车刀主切削刃上某一选定点，同时垂直于该点的切削平面和基面的平面叫主截面，如图 2 – 12（b）所示。

过车刀副切削刃上某一选定点，同时垂直于该点的切削平面和基面的平面叫副截面，如图 2 – 12（b）所示。

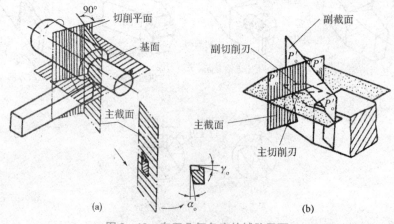

图 2 – 12　车刀几何角度的辅助平面

需要指出的是，上述定义是假设切削时只有主运动，不考虑进给运动，刀柄的中心线垂直于进给方向，且规定刀尖对准工件中心，此时基面与刀柄底平面平行，切削平面与刀柄底平面垂直。这种假设状态称为刀具的"静止状态"。静止状态的辅助平面是车刀刃磨、测量和标注角度的基准。

3. 车刀几何角度的标注

车刀几何角度的标注如图2-13所示。

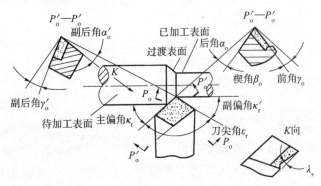

图2-13 车刀切削部分的主要角度

在主截面内测量的角度有：

（1）前角（γ_o）：前角是前刀面与基面之间的夹角。

（2）后角（α_o）：后角是后刀面与切削平面之间的夹角。在主截面内（图2-13中的 P_o—P_o 平面）测量的是主后角（α_o）；在副截面内（图2-13中的 P'_o—P'_o平面）测量的是副后角（α'_o）。

（3）楔角（β_o）：楔角是在主截面内前刀面与后刀面之间的夹角。它的大小与前角和后角的大小有关，通常可由下式来计算：

$$\beta_o = 90° - (\gamma_o + \alpha_o)$$

在基面内测量的角度有：

（1）主偏角（κ_r）：主偏角是主切削刃在基面上的投影与进给运动方向间的夹角。

（2）副偏角（κ'_r）：副偏角是副切削刃在基面上的投影与背离进给运动方向间的夹角。

（3）刀尖角（ε_r）：刀尖角是主切削刃和副切削刃在基面上的投影之间的夹角。它影响刀尖的强度和散热性能。其值按下式来计算：

$$\varepsilon_r = 180° - (\kappa_r + \kappa'_r)$$

在切削平面内测量的角度有：

刃倾角（λ_s）：刃倾角是主切削刃与基面之间的夹角。

车刀切削部分的几何形状、几何参数可参考有关资料。

2.2.3 项目实施

车刀的刃磨分机械刃磨和手工刃磨两种。机械刃磨效率高、质量好，操作方便。但目前中小型工厂仍普遍采用手工刃磨。因此，车工必须掌握手工刃磨车刀的技术。

一、砂轮的选用

目前常用的砂轮有氧化铝和碳化硅两类，刃磨时必须根据刀具材料来选定。

1. 氧化铝砂轮

氧化铝砂轮多呈白色，其砂粒韧性好，比较锋利，但硬度稍低（指磨粒容易从砂轮上脱落），适于刃磨高速钢车刀和硬质合金的刀柄部分。

2. 碳化硅砂轮

碳化硅砂轮多呈绿色，其砂粒硬度高，切削性能好，但较脆，适于刃磨硬质合金车刀。

砂轮的粗细以粒度表示。GB 2477—1983 规定了 41 个粒度号，粗磨时用粗粒度（基本粒尺寸大），精磨时用细粒度（基本粒尺寸小）。

二、车刀刃磨的方法和步骤

现以 90°硬质合金（YT15）外圆车刀为例，介绍手工刃磨车刀的方法。

（1）先磨去车刀前面、后面上的焊渣，并将车刀底面磨平。可选用粒度号为 24# ~ 36# 的氧化铝砂轮。

（2）粗磨主后刀面和副后刀面的刀柄部分（以形成后隙角）。刃磨时，在略高于砂轮中心的水平位置处将车刀翘起一个比刀体上的后角大 2° ~ 3°的角度，以便再刃磨刀体上的主后角和副后角，如图 2 – 14 所示。可选粒度号为 24# ~ 36#、硬度为中软（ZR1、ZR2）的氧化铝砂轮。

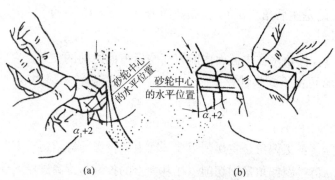

图 2 – 14　粗磨刀柄上的主后刀面、副后刀面（磨后隙角）

（a）磨主后刀面上的后隙角；（b）磨副后刀面上的后隙角

（3）粗磨刀体上的主后刀面：磨主后刀面时，刀柄应与砂轮轴线保持平行，同时刀体底平面向砂轮方向倾斜一个比主后角大 2°的角度。刃磨时，先把车刀已磨好的后隙面靠在砂轮的外圆上，以接近砂轮中心的水平位置为刃磨的起始位置，然后使刃磨位置继续向砂轮靠近，并做左右缓慢移动。当砂轮磨至刀刃处时即可结束，如图 2 – 14（a）所示。这样可同时磨出 κ_r ＝90°的主偏角和主后角。可选用粒度号为 36# ~ 60#的碳化硅砂轮。

（4）粗磨刀体上的副后刀面：磨副后刀面时，刀柄尾部应向右转过一个副偏角 κ_r'，同时车刀底平面向砂轮方向倾斜一个比副后角大 2°的角度，如图 2 – 14（b）所示。具体刃磨方法与粗磨刀体上主后刀面大体相同。不同的是粗磨副后刀面时，砂轮应磨到刀尖处为止。

如此，也可同时磨出副偏角和副后角。

（5）粗磨前刀面：以砂轮的端面粗磨出前刀面，并在磨前刀面的同时磨出前角。

（6）磨断屑槽：断屑是车削塑性金属的一个突出问题。若切屑连绵不断，呈带状缠绕在工件或车刀上，不仅会影响正常车削，而且会拉毛已加工表面，甚至会发生事故。在刀体上磨出断屑槽的目的就是当切屑经过断屑槽时，使切屑产生内应力而强迫它变形而折断。

断屑槽常见的有圆弧形和直线形两种，如图 2 - 15 所示。圆弧形断屑槽的前角一般较大，适于切削较软的材料；直线形断屑槽前角较小，适于切削较硬的材料。

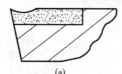 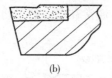

（a）　　　　　　　　　（b）

图 2 - 15　断屑槽的两种形式

（a）圆弧形；（b）直线形

断屑槽的宽窄应根据切削深度和进给量来确定，具体尺寸见表 2 - 1。

表 2 - 1　硬质合金车刀断屑槽参考尺寸　　　　　　　　　　　　mm

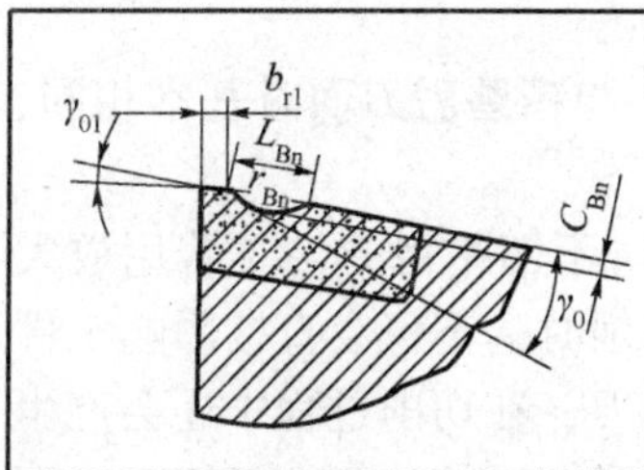

	切削深度 a_p	进给量 f				
		0.3	0.4	0.5 ~ 0.6	0.7 ~ 0.8	0.9 ~ 1.2
		r_{Bn}				
圆弧形 C_{Bn} 为 5 ~ 1.3 mm（由所取的前角值决定），r_{Bn} 在 L_{Bn} 的宽度和 C_{Bn} 的深度下成一自然圆弧	2 ~ 4	3	3	4	5	6
	5 ~ 7	4	5	6	8	9
	7 ~ 12	5	8	10	12	14

手工刃磨的断屑槽一般为圆弧形。刃磨时，需先将砂轮的外圆和端面的交角处用修砂轮的金刚石笔（或用硬砂条）修磨成相应的圆弧。若刃磨直线形断屑槽，则砂轮的交角需修磨得很尖锐。刃磨时刀尖可向下磨或向上磨。但选择刃磨断屑槽的部位时，应考虑留出刀头倒棱的宽度（即留出相当于走刀量大小的距离）。

刃磨断屑槽难度较大，需注意以下要点：

（1）砂轮的交角处应经常保持尖锐或具有一定的圆弧状。当砂轮棱边磨损出较大圆角时应及时修整。

（2）刃磨时的起点位置应该与刀尖、主切削刃隔开一定距离，不能一开始就直接刃磨到主切削刃和刀尖上，否则会将主切削刃和刀尖磨坍。一般起始位置与刀尖的距离等于断屑槽长度的 1/2 左右；与主切削刃的距离等于断屑槽宽度的 1/2 再加上倒棱的宽度。

（3）刃磨时，不能用力过大，车刀应沿刀柄方向做上下缓慢移动。要特别注意刀尖，切莫把断屑槽的前端口磨坍。

（4）刃磨过程中应反复检查断屑槽的形状、位置及前角的大小。对于尺寸较大的断屑槽可分粗磨和精磨两个阶段；尺寸较小的则可一次磨成形。

（5）精磨主后刀面和副后刀面：精磨前要修整好砂轮，保持砂轮平稳旋转。刃磨时将车刀底平面靠在调整好角度的托架上，使切削刃轻轻地靠在砂轮的端面上并沿砂轮端面缓慢地左右移动，使砂轮磨损均匀、车刀刃口平直。可选用绿色碳化硅砂轮（其粒度号为180#～200#）或金刚石砂轮。

（6）磨负倒棱：刀具主切削刃担负着绝大部分的切削工作。为了提高主切削刃的强度，改善其受力和散热条件，通常在车刀的主切削刃上磨出负倒棱，如图2-16所示。

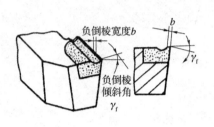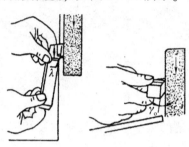

图2-16　磨负倒棱

（7）磨过渡刃：过渡刃有直线形和圆弧形两种。其刃磨方法与精磨后刀面时基本相同，刃磨车削较硬材料的车刀时，也可以在过渡刃上磨出负倒棱。

（8）车刀的手工研磨：在砂轮上刃磨的车刀，其切削刃有时不够平滑光洁。若用放大镜观察，可以发现其刃口上呈凸凹不平状态。使用这样的车刀车削时，不仅会直接影响工件的表面粗糙度，而且也会降低车刀的使用寿命。若是硬质合金车刀，在切削过程中还会产生崩刃现象。所以手工刃磨的车刀还应用细油石研磨其刀刃。研磨时，手持油石在刀刃上来回移动，要求动作平稳、用力均匀，如图2-17所示。研磨后的车刀，应消除在砂轮上刃磨后的残留痕迹，刀面粗糙度值应达到$Ra\ 0.2～0.4\ \mu m$。

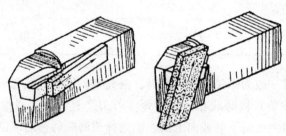

图2-17　用细油石研磨

2.2.4　项目总结

一、车刀角度的测量

1. 目测法

观察车刀角度是否合乎切削要求，刀刃是否锋利，表面是否有裂痕和其他不符合切削要求的缺陷。

2. 量角器和样板测量法

对于角度要求高的车刀，可用此法检查，如图 2 – 18 所示。

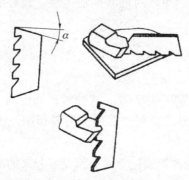

图 2 – 18　样板测量车刀角度

二、磨刀注意事项

（1）车刀刃磨时，双手握稳车刀，不能用力过大，以防打滑伤手。

（2）磨刀时，人应站在砂轮的侧前方，以防砂轮碎裂时碎片飞出伤人。

（3）刃磨时，将车刀做水平方向的左右缓慢移动，以免砂轮表面产生凹坑。

（4）磨硬质合金车刀时，不可把刀头放入水中，以免刀片突然受冷收缩而碎裂。磨高速钢车刀时，要经常冷却，以免失去硬度。

三、砂轮机的安全使用

（1）在磨刀前，要对砂轮机的防护设施进行检查。如防护罩壳是否齐全；有托架的砂轮，其托架与砂轮之间的间隙是否恰当等。

（2）在平形砂轮上磨刀时，尽可能避免磨砂轮侧面。

（3）砂轮磨削表面需经常修整，使砂轮没有明显的跳动。对平形砂轮一般可用金刚石笔或砂轮刀在砂轮上来回修整。

（4）重新安装砂轮后，要进行检查，经试转后方可使用。

（5）刃磨结束后，应随手关闭砂轮机电源。

2.2.5　拓展案例

一、车刀切削部分的材料

1. 车刀的材料要求

在车削过程中，车刀的切削部分是在较大的切削抗力、较高的切削温度和剧烈的摩擦条件下进行工作的。车刀寿命的长短和切削效率的高低，首先取决于车刀切削部分的材料是否具备优良的切削性能。具体应满足以下要求：

（1）应具有高硬度，其硬度要高于工件材料 1.3 ~ 1.5 倍。

（2）应具有高的耐磨性。

（3）应具有高的耐热性，即在高温下能保持高硬度的性能。

（4）应具有足够的抗弯强度和冲击韧性，防止车刀脆性断裂或崩刃。

（5）应具有良好的工艺性，即好的可磨削加工性、较好的热处理工艺性、较好的焊接工艺性。

2. 车刀切削部分的常用材料

（1）高速钢（又称锋钢、白钢）：是一种含钨、铬、钒、钼等元素较多的高合金工具钢。常用的牌号有 W18Cr4V、W9Cr4V2 等。这种材料强度高、韧性好，能承受较大的冲击力，工艺性好，易磨削成形，刃口锋利，常用于一般切削速度下的精车。但因其耐热性较差，故不适于高速切削。

目前，还有一类通过改变高速钢的化学成分而发展起来的高性能高速钢，如 95W18Cr4V、W12Cr4V4Mo、W6M05Cr4V2A1 等。这类高速钢的硬度、耐磨性和耐热性等主要切削性能都优于普通高速钢。

（2）硬质合金：由硬度和熔点均很高的碳化钨、碳化钛和胶结金属钴（Co）用粉末冶金方法制成。其硬度、耐磨性均很好，红硬性也很高，故其切削速度比高速钢高出几倍甚至十几倍，能加工高速钢无法加工的难切削材料，但抗弯强度和抗冲击韧性比高速钢差很多。

制造形状复杂的刀具时，工艺上要比高速钢困难。硬质合金是目前应用最为广泛的一种车刀材料，尤其适合高速切削（最高切削速度可达 220 m/min）。

（3）陶瓷：用氧化铝（Al_2O_3）微粉在高温下烧结而成的陶瓷材料刀片，其硬度、耐磨性和耐热性均比硬质合金高。因此可采用比硬质合金高几倍的切削速度，并能使工件获得较高的表面粗糙度和较好的尺寸稳定性。但陶瓷材料刀片最大的缺点是性脆，抗弯强度低，易崩刃。陶瓷材料刀片主要用于连续表面的车削场合。此外，还有一些高性能的刀具材料得到应用，如聚晶人造金刚石、立方碳化硼和热压氧化硅陶瓷等。

二、完成图 2−19 所示镗孔车刀和螺纹车刀的刃磨

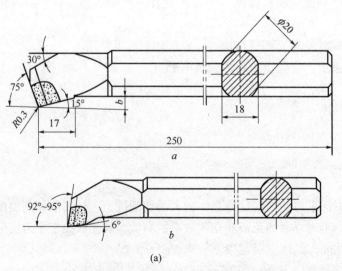

图 2−19 镗孔车刀及螺纹车刀

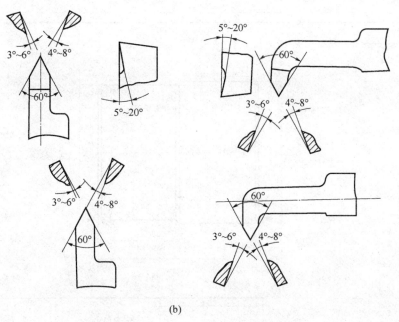

(b)

图 2-19　镗孔车刀及螺纹车刀（续）

（a）镗孔车刀；（b）螺纹车刀

项目三　轴类零件的车削加工

2.3.1　项目提出

通过本项目，掌握轴类零件的车削方法及相关知识。项目图样如图 2-20 所示，各部分尺寸如表 2-2 所示。

表 2-2　台阶轴各部分尺寸　　　　　　　　　　　　　　　　　　　mm

次数	D	d	L	l
1	$\phi48 \pm 0.15$	$\phi46 \pm 0.15$	94	45
2	$\phi46 \pm 0.15$	$\phi44 \pm 0.15$	93	45
3	$\phi44 \pm 0.1$	$\phi42 \pm 0.15$	92	45
4	$\phi42 \pm 0.1$	$\phi40 \pm 0.15$	91	45

2.3.2　项目分析

外圆柱面是轴和套类零件的主要组成表面，外圆车削是通过工件的旋转和车刀的纵向进给运动来实现的。根据车刀的几何角度、切削用量及车削达到的精度不同，车外圆可分为粗

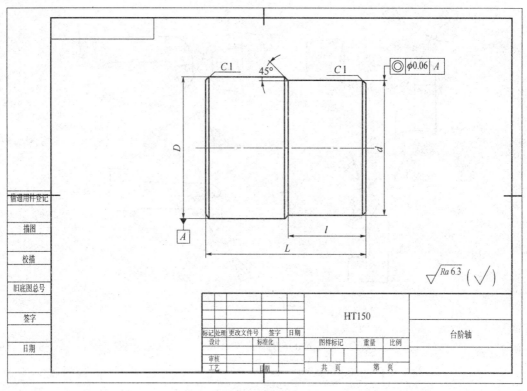

图 2 – 20　台阶轴

车、半精车和精车。

图 2 – 20 中各项目符号的含义及所需工量具如表 2 – 3 所示。

表 2 – 3　台阶轴图样分析

序号	项目符号	含义	所需工量具
1	D、d	两段直径分别为 D、d 的轴端	游标卡尺、外径千分尺
2	L、l	总的长度 L、直径为 d 的长度 l	游标卡尺、深度游标卡尺
3	$C1$	轴的端部倒棱边长为 1 mm	游标卡尺

2.3.3　项目实施

一、相关知识

1. 车削运动

车削工件时，必须使工件和刀具做相对运动。根据运动的性质和作用，车削运动主要分为工件的旋转运动（主运动）和车刀的直线或曲线运动（进给运动）。

（1）主运动：直接切除工件上的切削层，并使之变成切屑以形成工件新表面的运动称为主运动。车削时，工件的旋转运动就是主运动，如图 2 – 21 所示。

（2）进给运动：使工件上多余材料不断地被切除的运动叫进给运动。依车刀切除金属层时移动的方向不同，进给运动又可分为纵向进给运动和横向进给运动，如车外圆时车刀的运动是纵向进给运动，车端面、切断、车槽时，车刀的运动是横向进给运动，如图 2 - 22 所示。

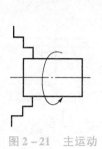

图 2 - 21　主运动

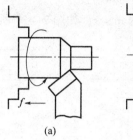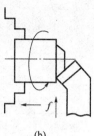

图 2 - 22　进给运动

（a）纵向进给；（b）横向进给

2. 车削时工件上形成的表面

车削时，工件上有三个不断变化的表面，如图 2 - 23 所示。

（1）已加工表面：已切除多余金属层而形成的新表面。

（2）过渡表面：车刀切削刃在工件上形成的表面。它将在工件的下一转里被切除。

（3）待加工表面：工件上有待切除多余金属层的表面。它可能是毛坯表面或加工过的表面。

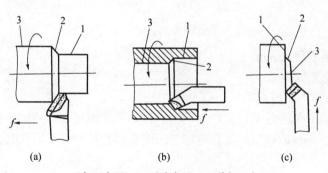

（a）　　　　　（b）　　　　　（c）

1—已加工表面；2—过渡表面；3—待加工表面。

图 2 - 23　工件上的三个表面

（a）车外圆；（b）车孔；（c）车端面

3. 切削用量的基本概念

切削用量是度量主运动和进给运动大小的参数。它包括背吃刀量（切削深度）、进给量和切削速度。

（1）背吃刀量（切削深度）a_p：车削工件上已加工表面与待加工表面之间的垂直距离叫背吃刀量。切断、车槽时的背吃刀量等于车刀主切削刃的宽度。

车外圆时的切削深度计算公式为：

$$a_p = \frac{d_w - d_m}{2}$$

式中：a_p——切削深度（mm）；

　　　d_w——待加工表面直径（mm）；

　　　d_m——已加工表面直径（mm）。

（2）进给量 f：工件每转一圈，车刀沿进给方向移动的距离叫进给量。它是衡量进给运动大小的参数，其单位为 mm/r，如图 2-24 所示。

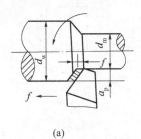
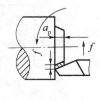
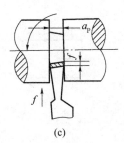

(a)　　　　　　　　　(b)　　　　　　　　　(c)

图 2-24　进给量和切削深度

(a) 车外圆；(b) 车端面；(c) 切断

进给量又分纵向进给量和横向进给量。沿床身导轨方向的进给量是纵向进给量，沿垂直于床身导轨方向的进给量是横向进给量。

（3）切削速度 v_c：是切削刃选定点相对于工件的主运动的瞬时速度，是衡量主运动大小的参数，其单位为 m/min。切削速度还可理解为车刀在 1 min 内车削工件表面的理论展开直线长度（假定切屑没有变形或收缩）。

切削速度的计算公式为：

$$v_c = \frac{n\pi d}{1\,000}$$

式中：v_c——切削速度（m/min）；

　　　n——主轴转速（r/min）；

　　　d——工件待加工表面直径（mm）。

车削时，当转速 n 值一定时，工件上不同直径处的切削速度不相同，在计算时应取最大的切削速度。为此，车外圆时应以工件待加工表面直径计算；在车内孔时，则应以工件已加工表面直径计算。

车端面或切断、切槽时切削速度是变化的，切削速度随切削直径的变化而变化。在实际生产中，往往是已知工件的直径，并根据工件材料、刀具材料和加工性质等因素来选择切削速度，再依切削速度求出主轴转速 n，以便调整机床主轴转速。此时公式可改写成：

$$n = \frac{1\,000 v_c}{\pi d}$$

4. 切削用量的初步选择

切削用量的选择关系到能否合理使用刀具与机床，对保证加工质量、提高生产效率和经济效益，都具有很重要的意义。

合理地选择切削用量是指在工件材料、刀具材料和几何角度及其他切削条件已经确定的情况下，选择切削用量三要素的最优化组合来进行切削加工。

（1）粗车时切削用量的选择：粗车时，加工余量大，主要考虑尽可能提高生产效率和保证必要的刀具寿命。原则上应选较大的切削用量，但又不能同时将切削用量三要素都增大。

合理的选择是：首先选用较大的切削深度，以减少走刀次数。若有可能，最好一次将粗车余量切除。余量太大，一次无法切除时，可分为两次或三次，但第一次的切削深度要尽可能大一些。对于切削表层有硬皮的锻、铸件毛坯尤其要这样，以防止刀尖过早磨损。其次，为缩短进给时间再选择较大的进给量。当切削深度和进给量确定之后，在保证车刀寿命的前提下，再选择一个相对大而且合理的切削速度。

　　（2）半精车、精车时切削用量的选择：半精车、精车阶段，加工余量较小，主要是考虑保证加工精度和表面质量。当然也要注意提高生产效率及保证刀具寿命。

　　根据工艺要求，留给半精车、精车的加工余量，原则上是在一次进给过程中切除。若工件的表面粗糙度要求高，一次进给无法达到表面粗糙度要求，则分二次进给，但最后一次进给的切削深度不得小于 0.1 mm。

　　半精车、精车时进给量应选得小一些。切削速度则应根据刀具材料选择。高速钢车刀应选较低的切削速度（$v_c<5$ m/min），以降低切削温度、保持刃口锐利。硬质合金车刀应选择较高切削速度（$v_c>80$ m/min），这样既可提高工件表面质量，又可提高生产效率。

二、工作步骤

　　（1）用三爪自定心卡盘夹住工件外圆 20 mm 左右，找正并夹紧。

　　（2）粗、精车平面，外圆 D 粗车至 $\phi 48^{+0.6}_{+0.2}$ mm。

　　（3）精车外圆 D 至 $\phi 48$ mm ±0.15 mm，表面粗糙度 Ra 6.3 μm，倒角 $C1$。

　　（4）调头夹外圆并找正。粗、精车平面并保证总长 94 mm，外圆 d 粗车至 $\phi 46^{+0.6}_{+0.2}$ mm，长 45 mm。

　　（5）精车外圆 d 至 $\phi 46$ mm ±0.15 mm，表面粗糙度 Ra6.3 μm，两处倒角达到图样要求。

　　（6）检查外径、长度和同轴度达到要求后取下工件。

　　（7）表 2 – 2 中 2、3、4 项的操作步骤亦按上述方法进行。

2.3.4　项目总结

一、检测与反馈

　　台阶轴的评分标准，见表 2 – 4。

表 2 – 4　台阶轴的评分标准

序号	项目	配分	评分标准	得分
1	$l ±0.20$	10	超差 0.1 mm 扣 2 分	
2	$L ±0.10$	10	超差 0.05 mm 扣 2 分	
3	$d ±0.04$	10	超差 0.02 mm 扣 2 分	
4	$D ±0.04$	10	超差 0.02 mm 扣 2 分	
5	◎ $\phi 0.06$ A	10	超差 0.1 mm 扣 2 分	
6	√ $Ra6.3$	10	升高一级全扣	
7	使用工具正确	10	1 处不正确扣 2 分	
8	加工姿势正确	10	1 处不正确扣 2 分	
9	安全文明生产	20	按照有关安全操作规程在总分中扣除	

二、容易产生的问题和注意事项

（1）台阶平面和外圆相交处要清角，防止产生凹坑和出现小台阶。

（2）台阶平面出现凹坑，其原因可能是车刀没有从里到外横向进给或车刀装夹主偏角小于90°；与刀架、车刀、滑板等发生位移有关。

（3）多台阶工件长度的测量，应从一个基面测量，以防累积误差。

（4）平面与外圆相交处出现较大的圆弧，原因是刀尖圆弧较大或刀尖磨损。

（5）使用游标卡尺测量时，卡脚应和测量面贴平，以防卡脚歪斜，产生测量误差。

（6）使用游标卡尺测量工件时，松紧程度要合适，特别是用微调螺针时，注意不要卡得太紧。

（7）从工件上取下游标卡尺读数时，应把紧固螺钉拧紧，以防副尺移动，影响读数。

2.3.5　拓展案例

一、拓展练习

完成图2-25所示减速器输出轴的车削。

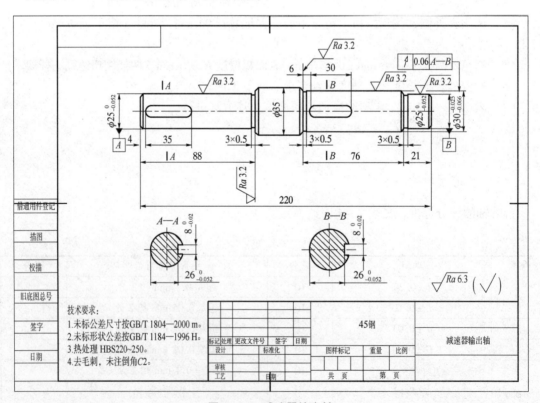

图2-25　减速器输出轴

二、检测与反馈

减速器输出轴的评分标准见表 2-5。

表 2-5 减速器输出轴评分标准

序号	项目	配分	评分标准	得分
1	$\phi 25_{-0.052}^{0}$（两处）	8	超差 0.02 mm 扣 2 分	
2	88 ± 0.20	5	超差 0.1 mm 扣 2 分	
3	76 ± 0.20	5	超差 0.1 mm 扣 2 分	
4	21 ± 0.30（两处）	10	每处超差 0.1 mm 扣 2 分	
5	$26_{-0.052}^{0}$	4	超差 0.1 mm 扣 4 分	
6	$8_{-0.02}^{0}$（两处）	10	每处超差 0.1 mm 扣 2 分	
7	3×0.5（三处）	12	每处超差 0.5 mm 扣 2 分	
8	$\boxed{\text{\textdiagup} \ 0.06 \ A-B}$	7	超差 0.02 mm 扣 2 分	
9	220 ± 0.10	9	超差 0.1 mm 扣 4 分	
10	$\phi 30_{-0.066}^{-0.025}$	5	超差 0.02 mm 扣 5 分	
11	$\sqrt{\ }$ $Ra 6.3$	5	升高一级全扣	
12	使用工具正确	5	1 处不正确扣 2 分	
13	加工姿势正确	5	1 处不正确扣 2 分	
14	安全文明生产	10	按照有关安全操作规程在总分中扣除	

三、拓展知识

钻中心孔的方法及注意点：

（1）用三爪卡盘将工件夹紧，用端面车刀将端面车平。

（2）选用中心钻，装入钻夹头内，用力夹紧，将钻夹头柄擦净后用力插入尾座套筒内。

（3）移动尾座调整套筒伸出长度，要求中心钻靠近工件端面时，套筒伸出长度为 50~70 mm，然后将尾座锁紧。

（4）选择主轴转速，$n > 1\ 000$ r/min。

（5）钻削时，进给量应小而均匀，切勿用力过猛。

（6）当中心钻钻入工件后应及时加冷却液润滑。

（7）钻毕时，中心钻在孔中稍作停留后退出。

（8）中心钻轴线必须与工件回转中心一致。

（9）工件端面必须车平，不许留有凸台，以免钻中心孔时中心钻折断。

（10）及时注意中心钻磨损情况，磨损后的中心钻不能强行钻入工件，以免中心钻折断。

（11）及时进退，以排出切屑，并及时注入切削液。

项目四 套类零件的车削加工

2.4.1 项目提出

通过本项目，使学生掌握车削台阶孔的基本方法及相关知识。项目图样如图 2 - 26 所示，各部分尺寸如表 2 - 6 所示。

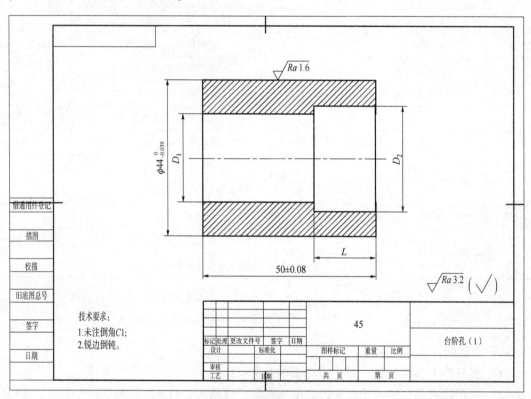

图 2 - 26 台阶孔（1）

表 2 - 6 台阶孔（1）各部分尺寸

次数	D_1	D_2	L
1	$\phi 25^{+0.084}_{0}$	$\phi 30^{+0.084}_{0}$	$10^{+0.15}_{0}$
2	$\phi 27^{+0.084}_{0}$	$\phi 33^{+0.062}_{0}$	$12^{+0.15}_{0}$
3	$\phi 30^{+0.084}_{0}$	$\phi 35^{+0.062}_{0}$	$15^{+0.15}_{0}$
4	$\phi 33^{+0.062}_{0}$	$\phi 38^{+0.062}_{0}$	$18^{+0.15}_{0}$

2.4.2 项目分析

套类零件在机械加工中的应用范围很广。套类零件通常起支承和导向作用。由于功用不同，套类零件的结构和尺寸有很大差别，但结构上仍有共同的特点：零件的主要表面为同轴度要求较高的内外回转面，零件的壁厚较薄，易变形。内孔是套类零件起支承作用或导向作用的最主要表面，它通常与运动着的轴、刀具或活塞等相配合。内孔直径的尺寸精度一般为IT7，精密轴套有时取 IT6。

图 2-26 中各项目符号的含义及所需工量具如表 2-7 所示。

表 2-7 台阶孔（1）图样分析

序号	项目符号	含义	所需工量具
1	D_1、D_2	两个直径分别为 D_1、D_2 的孔径	游标卡尺、内径千分尺
2	L	孔 D_2 的深度	游标卡尺、深度游标卡尺
3	$\phi 44_{-0.039}^{\ 0}$	零件的直径为 $\phi 44$，上偏差为 0，下偏差为 -0.039	游标卡尺、外径千分尺
4	50 ± 0.08	零件总长 50 mm，上偏差为 +0.08、下偏差为 -0.08	游标卡尺

2.4.3 项目实施

一、相关知识

孔是零件中较常见的型面之一。孔加工与外圆加工相比，有许多需要注意的地方。如：孔加工是在工件内部进行，因此难以观察、难以控制；车孔刀的刀杆受到孔径的限制，不能太粗，因此刚性较差；同时加工时的冷却、排屑与测量等均较外圆加工难。

1. 车削内孔的方法

在车床上进行孔加工时，常常是先使用比孔径小 2 mm 左右的钻头进行钻孔，然后再用车孔刀对孔进行车削加工。

1）车直孔方法

直孔车削基本上与车外圆相同，只是进刀和退刀方向相反。粗车和精车内孔时也要进行试切和试测，其试切方法与试切外圆相同，即根据径向余量的一半横向进给，当车刀纵向切削至2 mm左右时，纵向快速退出车刀（横向不动），然后停车试测。反复进行，直至符合孔径精度要求。

2）车台阶孔方法

（1）车削直径较小的台阶孔时，由于直接观察困难，尺寸精度不易掌握，所以通常采用先粗、精车小孔，再粗、精车大孔的方法进行。

（2）车削大的台阶孔时，在视线不受影响的情况下，通常采用先粗车大孔和小孔，再精车大孔和小孔的方法进行。

（3）车削孔径大小相差悬殊的台阶孔时，最好采用主偏角小于90°（一般为85°～88°）

的车刀先进行粗车，然后用内偏刀精车至图样尺寸。因为直接用内偏刀车削，进刀深度不可太深，否则刀尖容易损坏。其原因是刀尖处于切削刃的最前沿，切削时刀尖先切入工件，因此其承受力最大，加上刀尖本身强度差，所以容易碎裂；由于刀杆细长，在纯轴向抗力的作用下，进刀深了容易产生振动和扎刀。

（4）控制车孔长度的方法。粗车时通常在刀杆上画线痕做记号，或安放限位铜片，以及用床鞍刻度盘的刻线来控制等。精车时还需用钢直尺、游标深度尺等量具复量车准。

3）车平底孔的方法

（1）选择比孔径小2 mm的钻头进行钻孔，钻孔深度，从麻花钻顶尖量起，并在麻花钻上画线痕做记号 。

（2）粗车底平面和粗车孔成形（留精车余量），然后再精车内孔及底平面至图样尺寸要求。

2. 测量孔径用量具的使用方法

对于测量孔径尺寸，当孔径精度要求较低时，可以用钢直尺、游标卡尺等进行测量；当孔径精度要求较高时，通常用塞规、内径千分尺或内径百分表结合千分尺进行测量。

1）用塞规测量

塞规如图 2 - 27 所示，由过端、止端和柄组成。过端按孔的最小极限尺寸制成，测量时应塞入孔内。止端按孔的最大极限尺寸制成，测量时不允许插入孔内。当过端塞入孔内，而止端插不进去时，就说明此孔尺寸是在最小极限尺寸与最大极限尺寸之间，是合格的。

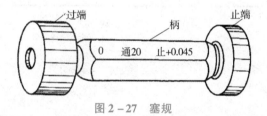

图 2 - 27　塞规

2）用内径千分尺测量

内径千分尺及其使用方法如图 2 - 28 所示。这种千分尺的刻线方向与外径千分尺相反，当微分筒顺时针旋转时，活动量爪向左移动，量值增大。

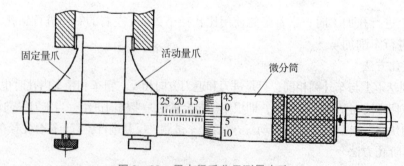

图 2 - 28　用内径千分尺测量内孔

3）用内径百分表测量

内径百分表是用对比法测量孔径，因此使用时应先根据被测量工件的内孔直径，用外径千分尺将内径百分表对准"零"位后，方可进行测量，其测量方法如图 2 - 29 所示，取最小值为孔径的实际尺寸。

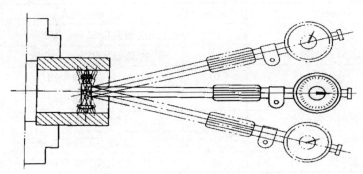

图 2 − 29 用内径百分表测量内孔

二、工作步骤

（1）装夹毛坯，伸出长度 >55 mm。

（2）粗车断面，车出为止。

（3）打孔 $\phi 24$，深 55 mm。

（4）粗车 $\phi 44$ 外圆至 $\phi 44.5$。

（5）精车 $\phi 44_{-0.039}^{0}$ 外圆。

（6）去毛刺。

（7）切断长 51 mm。

（8）装夹 $\phi 44$ 外圆，伸出长度为 10 mm。

（9）粗车内孔 D_1、D_2。

（10）取孔深 L。

（11）精车内孔 D_1、D_2。

（12）去毛刺。

（13）掉头装夹 $\phi 44$ 外圆，伸出长 10 mm。

（14）取总长 50 mm ± 0.08 mm。

（15）去毛刺。

2.4.4 项目总结

一、检测与反馈

台阶孔（1）的评分标准如表 2 − 8 所示。

表 2 − 8 台阶孔（1）的评分标准

序号	项目	配分	评分标准	得分
1	$\phi 44_{-0.039}^{0}$	10	超差 0.02 mm 扣 2 分	
2	$L \pm 0.10$	10	超差 0.05 mm 扣 2 分	
3	$D_1 \pm 0.04$	10	超差 0.02 mm 扣 2 分	

续表

序号	项目	配分	评分标准	得分
4	$D_2 \pm 0.04$	10	超差 0.02 mm 扣 2 分	
5	50 ± 0.08	10	超差 0.05 mm 扣 2 分	
6	$\sqrt{}$ $Ra\,1.6$	10	升高一级全扣	
7	$\sqrt{}$ $Ra\,3.2$	10	升高一级全扣	
8	使用工具正确	10	1 处不正确扣 2 分	
9	加工姿势正确	10	1 处不正确扣 2 分	
10	安全文明生产	10	按照有关安全操作规程在总分中扣除	

二、车削内孔的注意事项

车孔的关键技术是解决车孔刀的刚性和排屑问题。增加车孔刀的刚性主要采取以下措施：

（1）尽量增加刀柄的截面积，通常内孔车刀的刀尖位于刀柄的上面，这样刀柄的截面积较小，不到孔截面积的 1/4。若使内孔车刀的刀尖位于刀柄的中心线上，那么刀柄在孔中的截面积可大大增加。

（2）尽可能缩短刀柄的伸出长度，以增加车刀刀柄刚性，减小切削过程中的振动。此外，还可将刀柄上、下两个平面做成互相平行，这样就能很方便地根据孔深调节刀柄伸出的长度。

（3）解决排屑问题：主要是控制切屑流出方向。精车孔时要求切屑流向待加工表面（前排屑）。为此，采用正刃倾角的内孔车刀，如图 2-30（a）所示；加工盲孔刀时，应采用负刃倾角，使切屑从孔口排出，如图 2-30（b）所示。

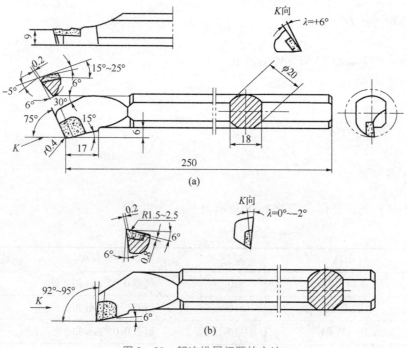

图 2-30　解决排屑问题的方法

2.4.5 拓展案例

一、拓展练习

完成图 2-31 所示台阶孔（2）的车削。

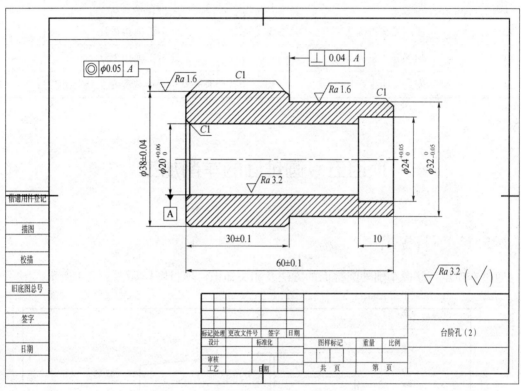

图 2-31 台阶孔（2）

二、检测与反馈

台阶孔（2）评分标准如表 2-9 所示。

表 2-9 台阶孔（2）评分标准

序号	项目	配分	评分标准	得分
1	$\phi 38 \pm 0.04$	7	超差 0.02 mm 扣 2 分	
2	$\phi 32 _{-0.05}^{0}$	7	超差 0.02 mm 扣 2 分	
3	$\phi 24 _{0}^{+0.05}$	7	超差 0.02 mm 扣 2 分	
4	$\phi 20 _{0}^{+0.06}$	7	超差 0.02 mm 扣 2 分	
5	30 ± 0.1	5	超差 0.1 mm 扣 4 分	
6	60 ± 0.1	5	超差 0.1mm 扣 2 分	
7	$C1$（四处）	12	每处超差 0.2 mm 扣 1 分	
8	◎ $\phi0.05$ A	8	超差 0.01 mm 扣 2 分	

序号	项目	配分	评分标准	得分
9	$\perp$ 0.04 A	8	超差 0.01 mm 扣 2 分	
10	$\sqrt{}$ Ra 1.6 （两处）	8	升高一级全扣	
11	$\sqrt{}$ Ra 3.2	6	升高一级全扣	
12	使用工具正确	5	1 处不正确扣 2 分	
13	加工姿势正确	5	1 处不正确扣 2 分	
14	安全文明生产	10	按照有关安全操作规程在总分中扣除	

项目五　圆锥面的车削加工

2.5.1　项目提出

通过本项目，掌握车削外圆锥面的方法及相关知识。项目图样如图 2 - 32 所示。

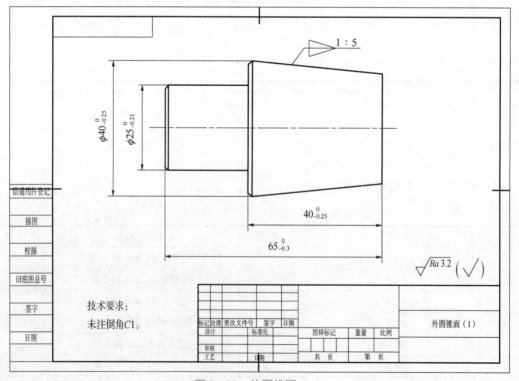

图 2 - 32　外圆锥面 (1)

2.5.2　项目分析

在机床与工具中，有很多地方应用圆锥（圆锥体和圆锥孔）作为配合表面。如车床、铣床和磨床的主轴孔，车床尾座锥孔，前后顶尖以及麻花钻锥柄等，都是利用圆锥面配合。这种配合的主要优点是配合紧密，装拆方便，并且在多次装拆或调换零件后仍能保持其精度和同轴度，而不影响使用。圆锥面的加工主要有转动小滑板法、偏移尾座法、靠模法等，用得最方便的是转动小滑板法。

图 2-32 中各项目符号的含义及所需工量具如表 2-10 所示。

表 2-10　外圆锥面（1）图样分析

序号	项目符号	含义	所需工量具
1	$\phi 25_{-0.21}^{0}$	轴段直径 ϕ25 mm，上偏差为 0，下偏差为 -0.21	游标卡尺、外径千分尺
2	$\phi 40_{-0.25}^{0}$	圆台大端直径 ϕ40 mm，上偏差为 0，下偏差为 -0.25	游标卡尺、深度游标卡尺
3	$40_{-0.25}^{0}$	圆锥的长度为 40 mm，上偏差为 0，下偏差为 -0.25	游标卡尺
4	$65_{-0.3}^{0}$	零件总长 65 mm，上偏差为 0，下偏差为 -0.3	游标卡尺
5	▷1 : 5	圆台锥度为 1 : 5	万能角度尺

2.5.3　项目实施

一、相关知识

1. 标准圆锥体的参数

1）圆锥表面的形成

与轴线成一定角度，且一端相交于轴线的一条斜线 AB，围绕着该轴线旋转形成的表面，称为圆锥表面（简称圆锥面），如图 2-33（a）所示。该斜线称为圆锥母线。如果将圆锥体的尖端截去，则成为一个截锥体，如图 2-33（b）所示。

圆锥是由圆锥表面与一定尺寸所限定的几何体。圆锥可分为外圆锥和内圆锥两种。通常把外圆锥称为圆锥体，内圆锥称为圆锥孔。

2）圆锥体的计算

图 2-33（c）所示为圆锥的各部分名称、代号。其中：

D——最大圆锥直径（简称大端直径）（mm）；

d——最小圆锥直径（简称小端直径）（mm）；

α——圆锥角（°）；

$\alpha/2$——圆锥半角（°）；

L——最大圆锥直径与最小圆锥直径之间的轴向距离（简称工件圆锥部分长）（mm）；

C——锥度；

L_0——工件全长（mm）。

圆锥半角（$\alpha/2$）或锥度（C）、最大圆锥直径（D）、最小圆锥直径（d）、工件圆锥部分长（L）称为圆锥的四个基本参数（量）。在这四个量中，只要知道任意三个量，其他一个未知量就可以求出，计算公式为：

$$\tan(\alpha/2) = (D - d)/(2L)$$

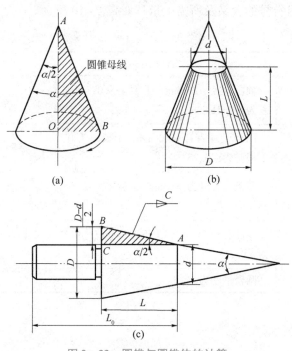

图 2-33　圆锥与圆锥体的计算

2. 标准圆锥体的种类

为了降低生产成本和使用方便，常用的工具、刀具圆锥都已标准化。也就是说，圆锥的各部分尺寸，按照规定的几个号码来制造，使用时只要号码相同，就能紧密配合和互换。标准圆锥已在国际上通用，即不论哪个国家生产的机床或工具，只要符合标准圆锥，都能达到互换性。

常用的标准圆锥有下列两种：

1）莫氏圆锥

莫氏圆锥是机器制造业中应用得最广泛的一种，如车床主轴孔、顶尖、钻头柄、铰刀柄等都用莫氏圆锥。莫氏圆锥分成 7 个号码，即 0、1、2、3、4、5、6，最小的是 0 号，最大的是 6 号。莫氏圆锥是从英制换算过来的。当号数不同时，圆锥半角也不同。

2）米制圆锥

米制圆锥有 8 个号码，即 4、6、80、100、120、140、160 和 200 号。它的号码是指大端的直径，锥度固定不变，即 $C = 1 : 20$。例如 100 号米制圆锥，它的大端直径是 100 mm，锥度 $C = 1 : 20$，其优点是锥度不变、记忆方便。

3. 车削圆锥体的方法

车削圆锥体的方法常用的有以下四种：

1）转动小滑板法

将小滑板转动一个圆锥半角，使车刀移动的方向和圆锥素线的方向平行，即可车出外圆锥，如图 2 – 34 所示。用转动小滑板车削圆锥面操作简单，可加工任意锥度的内、外圆锥面。但加工长度受小滑板行程限制，还需要手动进给，劳动强度大，工件表面质量不高。

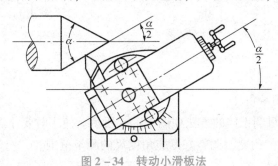

图 2 – 34　转动小滑板法

2）偏移尾座法

车削锥度较小而圆锥长度较长的工件时，应选用偏移尾座法。车削时将工件装夹在两顶尖之间，把尾座偏移一段距离 S，使工件旋转轴线与车刀纵向进给方向相交成一个圆锥半角（图 2 – 35），即可车出正确的外圆锥。采用偏移尾座法车削外圆锥时，尾座的偏移量不仅与圆锥长度有关，而且还和两顶尖之间的距离（工件长度）有关。

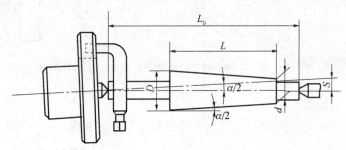

图 2 – 35　偏移尾座法

3）仿形法

仿形法（又称靠模法）是刀具按仿形装置（靠模）进给车削外圆锥的方法，如图 2 – 36 所示。

4）宽刃刀切削法

在切削较短的圆锥面时，也可以用宽刃刀直接车出。宽刃刀的切削刃必须平直，切削刃与主轴轴线的夹角应等于工件圆锥半角，如图 2 – 37 所示。使用宽刃刀车削圆锥面时，车床必须具有足够的刚性，否则容易引起振动。

4. 测量圆锥体的方法

测量圆锥体，不仅要测量它的尺寸精度，还要测量它的角度（锥度）。角度的检验方法如下：

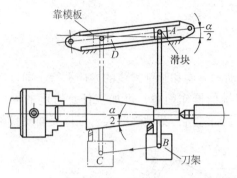

靠模板

滑块

刀架

图 2 – 36　仿形法

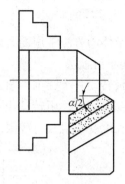

图 2 – 37　宽刃刀切削法

1）用万能角度尺测量角度

使用万能角度尺测量圆锥体的方法如图 2 – 38 所示。使用时要注意：

（1）按工件所要求的角度，调整好万能角度尺的测量范围。

（2）工件表面要清洁。

（3）测量时，万能角度尺应通过中心，并且一个面要跟工件测量基准面吻合，透光检查；读数时，应该固定螺钉，然后离开工件，以免角度值变动。

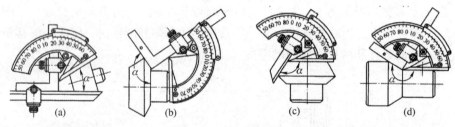

图 2 – 38　用万能角度尺的测量方法

2）用角度样板测量角度

在成批和大量生产时，可用专用的角度样板测量工件，如图 2 – 39 所示。

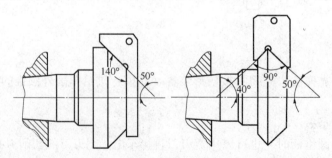

图 2 – 39　用角度样板测量工件

3）用圆锥量规测量角度

在测量标准圆锥或配合精度要求较高的圆锥工件时，可使用圆锥量规，圆锥量规又分为塞规和套规，如图 2 – 40 所示。

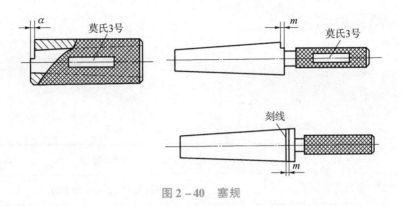

图 2 - 40　塞规

用塞规测量内圆锥时，先在塞规表面上顺着圆锥母线用显示剂均匀地涂上三条线（相隔约120°），然后把塞规放入内圆锥中转动（约±30°），观察显示剂擦去情况。如果接触部位很均匀，说明锥面接触情况良好，锥度正确；假如小端有摩擦，大端没擦去，说明圆锥角大了。反之，就说明孔的圆锥角小了。

圆锥的尺寸一般用圆锥量规检验。圆锥量规除了有一个精确的锥形表面之外，在端面上有一个台阶或具有两条刻线。台阶或刻线之间的距离就是圆锥大小端直径的公差范围。

应用塞规检验内圆锥时，如果两条刻线都进入工件孔内，则说明内圆锥太大。如果两条刻线都未进入，则说明内圆锥太小。只有第一条刻线进入，第二条刻线未进入，内圆锥大端直径尺寸才算合格。

二、工作步骤

工艺流程：

(1) 装夹毛坯外圆，伸出长度为 45 mm。

(2) 粗车端面，车出为止。

(3) 精车端面。

(4) 粗车 $\phi40$ 外圆至 $\phi40.5$。

(5) 掉头装夹 $\phi40.5$ 粗车外圆，装夹长度为 35 mm。

(6) 取总长 $65_{-0.3}^{0}$。

(7) 粗车 $\phi25$ 外圆至 $\phi25.5$，长 24.5 mm。

(8) 取长度 $40_{-0.25}^{0}$。

(9) 精车 $\phi25_{-0.21}^{0}$ 外圆。

(10) 倒角 $C1$。

(11) 掉头装夹 $\phi25$ 外圆，伸出长度为 45 mm。

(12) 粗、精车 1∶5 锥度。

(13) 倒角 $C1$。

(14) 去毛刺。

2.5.4 项目总结

一、检测与反馈

外圆锥面（1）的评分标准，见表 2 – 11。

表 2 – 11 外圆锥面（1）的评分标准

序号	项目	配分	评分标准	得分
1	$\phi 25_{-0.21}^{0}$	10	超差 0.02 mm 扣 5 分	
2	$\phi 40_{-0.25}^{0}$	10	超差 0.02 mm 扣 5 分	
3	$40_{-0.25}^{0}$	10	超差 0.1 mm 扣 5 分	
4	$65_{-0.3}^{0}$	10	超差 0.1 mm 扣 5 分	
5	▷1 : 5	10	超差 0.1 mm 扣 5 分	
6	$\sqrt{Ra\,3.2}$	10	升高一级全扣	
7	使用工具正确	10	1 处不正确扣 2 分	
8	加工姿势正确	10	1 处不正确扣 2 分	
9	安全文明生产	20	按照有关安全操作规程在总分中扣除	

二、车削圆锥体的注意事项

（1）车刀必须对准工件旋转中心，避免产生双曲线（母线不直）误差。

（2）车削圆锥体前对圆柱直径的要求，一般应按圆锥体大端直径放余量 1 mm 左右。

（3）车刀切削刃要始终保持锋利，工件表面应一刀车出。

（4）用转动小滑板法加工时，应两手握住小滑板手柄，均匀移动小滑板。在转动小滑板时，应稍大于圆锥半角，然后逐步找正。当将小滑板角度调整到相差不多时，只需把紧固螺母稍松一些，用左手拇指紧贴在小滑板转盘与中滑板底盘上，用铜棒轻轻敲击小滑板所需找正的方向，凭手指的感觉决定微调量，这样可较快地找正锥度。注意要消除中滑板间隙，同时小滑板不宜过松，以防工件表面车削痕迹粗细不一，防止扳手在扳小滑板紧固螺母时打滑而撞伤手。

（5）粗车时，进刀量不宜过大，应先找对锥度，以防工件被车小而报废。一般留精车余量 0.5 mm。

（6）用偏移尾座法加工时，应仔细、耐心，熟练掌握偏移方向。

（7）用圆锥量规检查锥度时，测量边应通过工件中心。用套规检查时，工件表面粗糙度要小，涂色要薄而均匀，转动量一般在半圈之内，多则易造成误判。

（8）当车刀在中途刃磨以后装夹时，必须重新调整，使刀尖严格对准工件中心线。

2.5.5 拓展案例

一、拓展练习

完成图 2-41 所示外圆锥面（2）的车削。

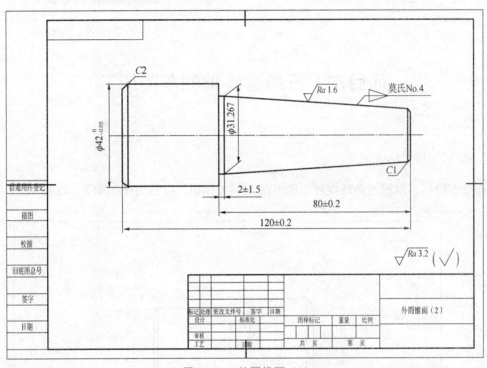

图 2-41 外圆锥面（2）

二、检测与反馈

外圆锥面（2）的评分标准如表 2-12 所示。

表 2-12 外圆锥面（2）的评分标准

序号	项目	配分	评分标准	得分
1	$\phi 42_{-0.05}^{0}$	10	超差 0.02 mm 扣 4 分	
2	$\phi 31.267$	10	超差 0.1 mm 扣 4 分	
3	80 ± 0.2	10	超差 0.1 mm 扣 4 分	
4	120 ± 0.2	10	超差 0.1 mm 扣 4 分	
5	2 ± 1.5	6	超差 1 mm 扣 4 分	
6	$C2$、$C1$	6	每处超差 0.2 mm 扣 1 分	
7	莫氏 No. 4	6	超差 0.01 mm 扣 2 分	
8	$\sqrt{Ra\,1.6}$	5	升高一级全扣	
9	$\sqrt{Ra\,3.2}$	5	升高一级全扣	

续表

序号	项目	配分	评分标准	得分
10	使用工具正确	10	1 处不正确扣 2 分	
11	加工姿势正确	10	1 处不正确扣 2 分	
12	安全文明生产	12	按照有关安全操作规程在总分中扣除	

项目六　三角螺纹轴的车削加工

2.6.1　项目提出

通过本项目，掌握三角螺纹轴车削方法及相关知识。项目图样如图 2 – 42 所示。

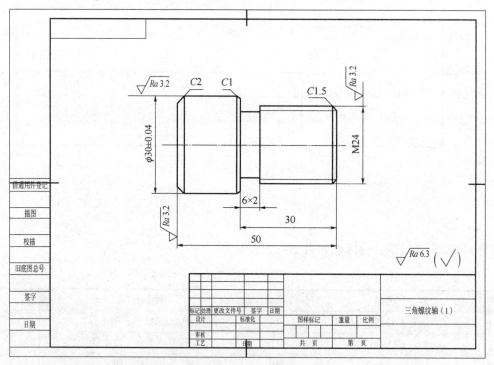

图 2 – 42　三角螺纹轴（1）

2.6.2　项目分析

螺纹指的是在圆柱或圆锥母体表面上加工出的螺旋线形的、具有特定截面的连续凸起部分。螺纹按其母体形状分为圆柱螺纹和圆锥螺纹；按其在母体所处位置分为外螺纹和内螺纹；按其截面形状（牙型）分为三角形螺纹、矩形螺纹、梯形螺纹、锯齿形螺纹及其他特殊形状的螺纹。

除管螺纹以管子内径为公称直径外，其余螺纹都以外径为公称直径。螺纹升角小于摩擦角的螺纹副，在轴向力作用下不松转，称为自锁，其传动效率较低。

圆柱螺纹中，三角形螺纹自锁性能好。它分粗牙和细牙两种，一般连接多用粗牙螺纹。细牙的螺距小，升角小，自锁性能更好，常用于细小零件薄壁管中，有振动或变载荷的连接，以及微调装置等。

图 2 - 42 中各项目符号的含义及所需要工量具如表 2 - 13 所示。

表 2 - 13　三角螺纹轴（1）图样分析

序号	项目符号	含义	所需工量具
1	$\phi 30 \pm 0.04$	轴段直径 $\phi 30$ mm，上偏差为 + 0.04，下偏差为 - 0.04	游标卡尺、外径千分尺
2	M24	公称直径为 24 mm 的普通螺纹	螺纹规
3	30	台阶轴段长 30 mm	游标卡尺
4	50	工件总长 50 mm	游标卡尺
5	6×2	退刀槽的宽度为 6 mm，深度为 2 mm	游标卡尺
6	$C1$	轴的端部倒棱边长为 1 mm	游标卡尺
7	$C1.5$	轴的端部倒棱边长为 1.5 mm	游标卡尺
8	$C2$	轴的端部倒棱边长为 2 mm	游标卡尺

2.6.3　项目实施

一、相关知识

1. 螺纹的分类

螺纹的分类如表 2 - 14 所示。

表 2 - 14　螺纹的分类

分类方法	螺纹类型	说明
按用途分	连接螺纹	起连接、固定作用
	传动螺纹	传递运动和动力
按牙型分	三角形螺纹	55°牙型、60°牙型，常用于连接
	矩形螺纹	矩形牙型，常用于传动
	锯齿形螺纹	33°牙型，常用于单向传动
	梯形螺纹	30°牙型，常用于传动
	滚珠形螺纹	常用于数控机床中的传动

续表

分类方法	螺纹类型	说明
按螺旋线方向分	右旋螺纹，简称右螺纹或正牙螺纹	沿向右上升的螺纹（顺时针旋入的螺纹）
	左旋螺纹，简称左螺纹或反牙螺纹	沿向左上升的螺纹（逆时针旋入的螺纹）
按螺旋线根数分	单线螺纹	常用于连接或传动
	多线螺纹	常用于快速连接或传动
按形成基体分	圆柱螺纹	在圆柱表面上形成的螺纹
	圆锥螺纹	在圆锥表面上形成的螺纹

2. 普通螺纹要素

螺纹要素有牙型、公称直径、螺距（或导程）、线数、旋向和精度等。螺纹的形成、尺寸和配合性能取决于螺纹要素，只有当内、外螺纹的各要素相同时，才能互相配合。三角形螺纹的主要参数如图 2-43 所示。

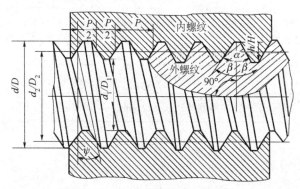

图 2-43　三角形螺纹的主要参数

（1）牙型角 α：它是在螺纹牙型上，两相邻牙侧间的夹角。

（2）螺距 P：相邻两牙在中径线上对应两点间的轴向距离。

（3）导程 P_h：同一条螺旋线上相邻两牙在中径线上对应两点间的轴向距离。当螺纹为单线螺纹时，导程与螺距相等（$P_h = P$）。当螺纹为多线时，导程等于螺旋线数（n）与螺距（P）的乘积，即 $P_h = nP$。

（4）螺纹大径 d、D：螺纹大径是指与外螺纹牙顶或内螺纹牙底相切的假想圆柱或圆锥的直径。外螺纹大径用 d 表示，内螺纹大径用 D 表示。国家标准规定，螺纹大径的基本尺寸称为螺纹的公称直径，它代表螺纹尺寸的直径。

（5）中径 d_2、D_2：中径是一个假想圆柱或圆锥的直径，该圆柱或圆锥的素线通过牙型上沟槽和凸起宽度相等的地方，该假想圆柱或圆锥称为中径圆柱或中径圆锥。同规格的外螺纹中径 d_2 和内螺纹中径 D_2 公称尺寸相等。

（6）螺纹小径 d_1、D_1：它是与外螺纹牙底或内螺纹牙顶相切的假想圆柱或圆锥的直径，外螺纹小径用 d_1 表示，内螺纹小径用 D_1 表示。

（7）顶径：与外螺纹或内螺纹牙顶相切的假想圆柱或圆锥的直径，即外螺纹的大径或内螺纹的小径。

（8）底径：与外螺纹或内螺纹牙底相切的假想圆柱或圆锥的直径，即外螺纹的小径或内螺纹的大径。

（9）原始三角形高度 h、H：由原始三角形顶点沿垂直于螺纹轴线方向到其底边的距离。

（10）螺纹升角：在中径圆柱或中径圆锥上螺旋线的切线与垂直于螺纹轴线平面的夹角。

3. 普通螺纹的尺寸计算

普通螺纹是我国应用最广泛的一种三角形螺纹，牙型角为 60°，一般用于连接。

普通螺纹分粗牙普通螺纹和细牙普通螺纹。粗牙普通螺纹代号用字母"M"及公称直径表示，如 M8、M10 等；细牙普通螺纹与粗牙普通螺纹的不同在于，当公称直径相同时，其螺距小于粗牙普通螺纹螺距。细牙普通螺纹代号用字母"M"及公称直径×螺距表示，如 M10×1、M20×1.5 等。左旋螺纹在代号末尾加注"LH"，并用"－"与前面分开，如 M8－LH、M10×1－LH 等，不加的为右旋螺纹。

普通螺纹的基本牙型如图 2－44 所示。各基本尺寸的计算如表 2－15 所示。

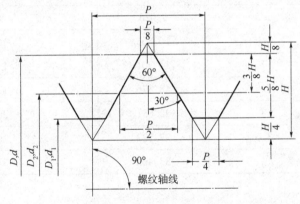

图 2－44　普通螺纹的基本牙型

表 2－15　普通螺纹的基本尺寸计算

名称及代号	计算公式
牙型角 α	60°
原始三角形高度 H	$H = 0.866P$
牙型高度 h	$h = 0.5413P$
大径 d、D	$d = D = $ 公称直径
中径 d_2、D_2	$d_2 = D_2 = d - 0.6495P$
小径 d_1、D_1	$d_1 = D_1 = d - 1.0825P$
牙顶宽度 f、W	$f = W = 0.125P$
牙底宽度 w、F	$w = F = 0.25P$

例：试计算 M10 × 1 螺纹 d_2、d_1、h、f、w 的基本尺寸。

解：已知 $d = 10$，$P = 1$，根据公式，求得

$$d_2 = d - 0.6495P = (10 - 0.6495 \times 1)\text{mm} = 9.3505 \text{ mm}$$

$$d_1 = d - 1.0825P = (10 - 1.0825 \times 1)\text{mm} = 8.9175 \text{ mm}$$

$$f = 0.125P = (0.125 \times 1)\text{mm} = 0.125 \text{ mm}$$

$$w = 0.25P = (0.25 \times 1)\text{mm} = 0.25 \text{ mm}$$

普通螺纹的基本尺寸和粗牙普通螺纹的螺距值可查阅有关标准获得，如表 2 - 16 所示。

表 2 - 16　普通螺纹基本尺寸及螺距（部分）　　　　　　mm

公称直径 D、d	螺距 P	中径 D_2 或 d_2	小径 D_1 或 d_1
3	0.5	2.675	2.459
4	0.7	3.545	3.242
5	0.8	4.480	4.134
6	1	5.350	4.917
8	1.25	7.188	6.647
10	1.5	9.026	8.376
12	1.75	10.863	10.106
16	2	14.701	13.835
20	2.5	18.376	17.294
24	3	22.051	20.752
30	3.5	27.727	26.211
36	4	33.402	31.670

4. 三角形螺纹车刀的选择

车削螺纹时，合理地选择刀具材料，正确刃磨与安装车刀，对保证螺纹质量和提高生产效率有着重要的作用。常用的螺纹车刀材料有高速钢和硬质合金两类。

1）高速钢螺纹车刀

高速钢螺纹车刀易刃磨，刃口锋利，而且韧性较好，刀尖不易崩裂，能承受较大的切削冲击力，车削出的螺纹表面粗糙度较小，但其耐热性较差，不宜高速车削螺纹或作为螺纹精车刀。

2）硬质合金螺纹车刀

硬质合金螺纹车刀的硬度高，有较好的热硬性，但韧性较差，常用于高速车削螺纹。

5. 螺纹的测量

（1）大径的测量：螺纹大径的公差较大，一般可用游标卡尺或千分尺测量。

（2）螺距的测量：螺距一般用钢板尺测量，普通螺纹的螺距较小，在测量时，根据螺距的大小，最好量 2 ～ 10 个螺距的长度，然后除以 2 ～ 10，就得出一个螺距的尺寸。如果螺

距太小，则用螺距规测量，测量时把螺距规平行于工件轴线方向嵌入牙中，如果完全符合，则螺距是正确的。

（3）中径的测量：精度较高的三角螺纹，可用螺纹千分尺测量，如图 2-45 所示，所测得的千分尺读数就是该螺纹的中径实际尺寸。

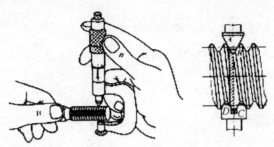

图 2-45 用螺纹千分尺测量螺纹中径

（4）综合测量：用螺纹环规（图 2-46）综合检查三角形外螺纹。首先应对螺纹的直径、螺距、牙型和粗糙度进行检查，然后再用螺纹环规测量外螺纹的尺寸精度。如果环规通端拧进去，而止端拧不进去，则说明螺纹精度合格。对精度要求不高的螺纹也可用标准螺母检查，以拧上工件时是否顺利和松动的感觉来确定。检查有退刀槽的螺纹时，环规应通过退刀槽与台阶平面靠平。

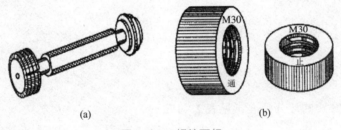

(a)　　　　　　　　(b)

图 2-46 螺纹环规

(a) 螺纹塞规；(b) 螺纹套规

二、工作步骤

1. 车螺纹时的动作练习

（1）选择主轴转速为 200 r/min 左右，开动车床，将主轴倒、顺转数次，然后合上开合螺母，检查丝杠与开合螺母的工作情况是否正常。若有跳动和自动抬闸现象，则必须消除。

（2）空刀练习车螺纹的动作，选螺距 2 mm，长度为 25 mm，转速为 165~200 r/min。开车练习开合螺母的分合动作，先退刀，后提开合螺母，动作协调。

（3）试切螺纹，在外圆上根据螺纹长度，用刀尖对准，开车并径向进给，使车刀与工件轻微接触，车一条刻线作为螺纹终止退刀标记。并记住中滑板刻度盘读数，后退刀。将床鞍摇至离断面 8~10 牙处，径向进给 0.05 mm 左右，调整刻度盘 "0" 位（以便车螺纹时掌握切削深度），合下开合螺母，在工件上车一条有痕螺旋线，到螺纹终止线时迅速退刀，提起开合螺母，用钢直尺或螺距规检查螺距。

2. 车削螺纹时的进刀方法

车削螺纹常用的进刀方法有：直进法、斜进法、左右切削法、分层切削法等。螺距较小可采用直进法，中等螺距可采用斜进法或左右切削法，螺距较大可采用左右切削法和分层切削法。

3. 图 2-42 所示三角螺纹轴（1）的加工步骤

（1）装夹毛坯外圆，伸出长度为 25 mm。

（2）粗车端面，车出为止。

（3）精车端面。

（4）粗车 φ30 外圆至 φ30.5。

（5）精车 φ30 外圆。

（6）倒角 C2。

（7）掉头装夹 φ30 外圆，装夹长度为 18 mm。

（8）取总长 50 mm。

（9）粗、精车外圆 φ24，外圆长 30 mm。

（10）切槽 6×2。

（11）车三角螺纹 M24。

（12）倒角 C1.5、C1。

2.6.4 项目总结

一、检测与反馈

三角螺纹轴（1）的评分标准，见表 2-17。

表 2-17 三角螺纹轴（1）的评分标准

序号	项目	配分	评分标准	得分
1	φ30±0.04	10	超差 0.02 mm 扣 2 分	
2	30±0.1	10	超差 0.05 mm 扣 2 分	
3	50±0.1	10	超差 0.05 mm 扣 2 分	
4	M24	10	通规通，止规止；超差全扣	
5	6×2	5	超差 0.05 mm 扣 2 分	
6	$\sqrt{Ra\,3.2}$	10	升高一级全扣	
7	$\sqrt{Ra\,6.3}$	10	升高一级全扣	
8	使用工具正确	10	1 处不正确扣 2 分	
9	加工姿势正确	10	1 处不正确扣 2 分	
10	安全文明生产	15	按照有关安全操作规程在总分中扣除	

二、车削螺纹的注意事项

1. 防止乱扣和重新对刀方法

车削螺纹时，当零件螺距不能被丝杠螺距整除时，会发生第一次进刀完毕后，第二刀按下开合螺母时，车刀刀尖已不在第一刀的螺旋槽里，而是偏左或偏右，把螺纹车乱的现象，这就是乱扣。车削螺纹前应首先判断被加工螺纹的螺距是否会乱扣，如果会，则采用倒顺车法。倒顺车法就是每车一刀后，立即将车刀径向退出，不提起开合螺母，而是开倒车使车刀退回到开始位置，然后再进刀车削，这样反复多次，直到将螺纹车好为止。

在车削螺纹时，如果车刀损坏，重新换刀后必须重新对刀，否则会将螺纹车乱。具体方法是：选择较低的主轴转速，合上开合螺母，启动车床，利用小滑板将车刀对到螺旋槽里，记下刻度后退刀，然后再进行正常车削。

2. 容易产生的问题及注意事项

（1）车螺纹前要检查主轴手柄位置，用手旋转主轴（正、反），看是否过重或空转量过大。

（2）由于初学者操作不熟练，宜采用较低的切削速度，并注意在练习时思想要集中。

（3）车螺纹时，开合螺母必须闸到位，如感到未闸好，应立即起闸，重新进行。

（4）车铸铁螺纹时，径向进刀不宜过大，否则会使螺纹牙尖爆裂，造成废品。

（5）车无退刀槽的螺纹时，要注意螺纹的收尾在 1/2 圈左右。要达到这个要求，就必须先退刀，后起开合螺母，且每次退刀要一致，否则会撞掉刀尖。

（6）车螺纹应保持刀刃锋利。中途换刀或磨刀后，就必须重新对刀，并重新调整中滑板刻度。

（7）粗车螺纹时，要留适当的精车余量。

（8）精车时，应首先用最少的赶刀量车光一个侧面，把余量留给另一侧面。

（9）使用环规检查时，不能用力太大或用扳手拧，以免环规严重磨损或使工件发生移位。

（10）车螺纹时应注意不能用手去摸正在旋转的工件，更不能用棉纱去擦正在旋转的工件。

（11）车完螺纹后应提起开合螺母，并把手柄拨到纵向进刀位置，以免在开车时撞车。

2.6.5 拓展案例

一、拓展练习

完成图 2-47 所示三角螺纹轴（2）的车削。

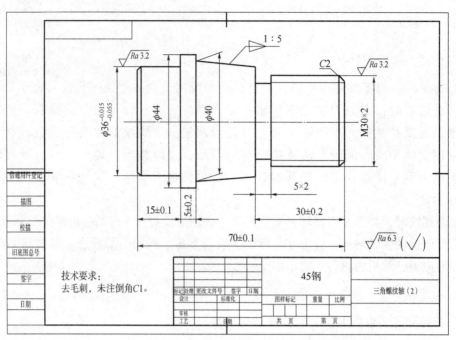

图 2 - 47　三角螺纹轴（2）

二、检测与反馈

三角螺纹轴（2）的评分标准如表 2 - 18 所示。

表 2 - 18　三角螺纹轴（2）的评分标准

序号	项目	配分	评分标准	得分
1	$\phi 36^{-0.015}_{-0.055}$	7	超差 0.02 mm 扣 4 分	
2	$\phi 44$	5	超差 0.02 mm 扣 2 分	
3	$\phi 40$	5	超差 0.1 mm 扣 2 分	
4	15 ± 0.1	4	超差 0.05 mm 扣 2 分	
5	5 ± 0.2	4	超差 0.1 mm 扣 5 分	
6	30 ± 0.2	4	超差 0.1 mm 扣 2 分	
7	▷1：5	8	超差 0.1 mm 扣 5 分	
8	$M30 \times 2$	8	通规通，止规止；超差全扣	
9	5×2	5	超差 0.5 mm 扣 4 分	
10	$\sqrt{Ra\,3.2}$	5	升高一级全扣	
11	$\sqrt{Ra\,6.3}$	5	升高一级全扣	
12	使用工具正确	10	1 处不正确扣 2 分	
13	加工姿势正确	10	1 处不正确扣 2 分	
14	安全文明生产	20	按照有关安全操作规程在总分中扣除	

三、拓展知识

1. 英制螺纹

英制螺纹在我国应用较少，只有在维修进出口设备时需要使用。英制螺纹的牙型角为 55°，公称直径是指内螺纹大径，用英寸[①]（in）表示。螺距由 1 in 长度内的牙数（n）换算出。英制螺纹各基本尺寸及每英寸内的牙数，可在有关表中查得。

2. 管螺纹

一般应用在管路中做管接头、旋塞、阀门等的场合。根据螺纹副的密封状态和螺纹牙型角的不同，管螺纹可分为以下三种。

（1）55°非密封管螺纹：这种螺纹又称圆柱管螺纹，螺纹母体是圆柱形，螺纹配合本身不具备密封性，牙型角为 55°，螺距 P 由每英寸长度内的牙数换算出。牙顶及牙底均为圆弧形。

该类螺纹的标记由螺纹特征代号 "G" 和尺寸代号、公差等级代号组成。尺寸代号是指管子孔径的公称直径的英寸数值。

（2）55°密封管螺纹：这种螺纹又称圆锥管螺纹，螺纹母体是圆锥形，其锥度为 1∶16，螺纹配合本身具备密封性，牙型角为 55°，螺距 P 由每英寸长度内的牙数换算出，牙顶及牙底均为圆弧形。

（3）60°圆锥管螺纹：这种螺纹牙型角为 60°，螺纹母体是圆锥形，其锥度为 1∶16，螺距 P 由每英寸长度内的牙数换算出。

---

① 1 英寸（in）=2.54 厘米（cm）。

单元三　铣削加工技术

在机加工车间中，铣床是一种常见的机加工设备。它的用途非常广泛，在铣床上可以加工平面（水平面、垂直面）、沟槽（键槽、T形槽、燕尾槽等）、分齿零件（齿轮、花键轴、链轮等）、螺旋形表面（螺纹、螺旋槽）及各种曲面。此外，还可用于对回转体表面、内孔加工及进行切断工作等。铣削加工的基本内容如图 3-1 所示。

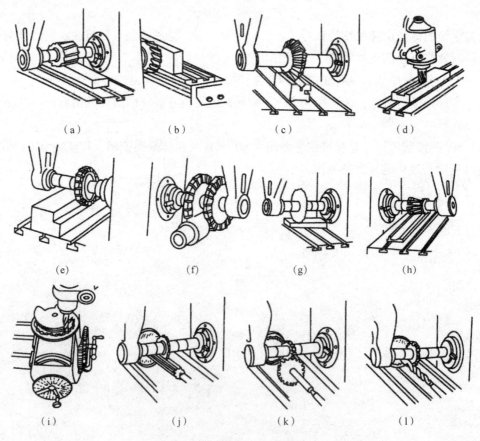

图 3-1　铣削加工的基本内容

(a) 铣平面；(b) 面铣刀铣平面；(c) 铣 V 形槽；(d) 铣沟槽；(e) 铣台阶；(f) 组合铣刀铣两侧；
(g) 切断；(h) 铣成形面；(i) 铣凸台；(j) 铣花键槽；(k) 铣齿轮；(l) 铣螺旋槽

1. 铣床的种类

1）按应用范围分类

（1）通用铣床：又叫万能铣床，可以完成多种复杂零件表面的铣削工序，主要适用于单件、小批量生产。

（2）专门化铣床：又叫专能铣床，是专门用途的铣床。如螺纹铣床、齿条铣床等，适用于各种专业化生产。

（3）专用铣床：根据具体加工对象专门设计和制造的铣床，适用于大批量生产。

2）按工作台的功能及用途分类

（1）升降台铣床：升降台铣床的工作台带动工件，能在纵向、横向、垂直三个方向运动，适用于加工中小型工件。其中，卧式铣床的主轴轴线与工作台台面平行，立式铣床的主轴轴线与工作台台面垂直。

（2）工作台不升降铣床：这类铣床的工作台只做纵向、横向两个方向运动，能承受较重和较大的零件，适用于加工大中型零件。

（3）工具铣床：其主要特点是机床附件种类多而且轻巧，适用于加工形状复杂、尺寸不大的工件，如中小型刀具和模具的铣削。

（4）龙门铣床：其主要特点是主轴数目多，加工工件大，能一次完成形状较复杂工件的加工。

2. 铣床的型号

机床型号也是机床的代号，它表示产品的系列、主要规格、性能及特征，便于使用管理，同时也可以反映出机床发展的途径和机床制造业的完善程度。

1）表示方法

铣床的型号编制目前是按 2008 年发布的《金属切削机床型号编制方法》（GB/T 15375—2008）来执行的，各部分由汉语拼音字母和阿拉伯数字组成，具体如下：

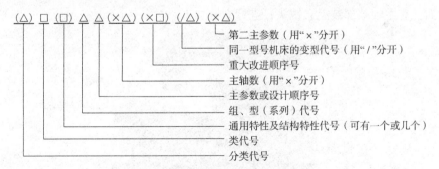

其中：有"△"符号的为阿拉伯数字；有"□"符号的为大写汉语拼音字母；有"（ ）"的代号或数字，若无内容时则不表示，若有内容时应不带括号。

2）型号举例

（1）工作台工作面宽度为 320 mm 的卧式万能升降台铣床的型号。

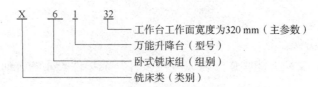

工作台工作面宽度为320 mm（主参数）
万能升降台（型号）
卧式铣床组（组别）
铣床类（类别）

（2）工作台工作面宽度为260 mm 的半自动平面仿形铣床的型号。

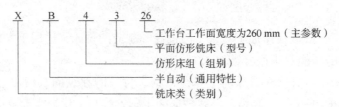

工作台工作面宽度为260 mm（主参数）
平面仿形铣床（型号）
仿形床组（组别）
半自动（通用特性）
铣床类（类别）

项目一　万能升降台铣床的操作

3.1.1　项目提出

本项目主要学习铣床加工的工作内容、常用的铣床及其各部分的名称和操纵方法。铣床的类型很多，现以 X6132 型卧式升降台铣床为例进行介绍。X6132 型铣床，是国产铣床中应用最广泛、最典型的一种卧式万能升降台铣床，如图 3-2 所示。其主要特征是铣床主轴轴线与工作台台面平行。该机床具有结构可靠、性能良好、加工质量稳定、操作灵活轻便、行程大、加工范围广、精度高、刚性好、通用性强等特点。若配置相应附件，还可以扩大机床的加工范围。例如安装万能立铣头，可以使铣刀回转任意角度完成立式铣床的工作。该机床还适于高速、高强度铣削，并具有良好的安全装置和完善的润滑系统。这种铣床可将横梁移至床身后面，在主轴端部装上立铣头，进行立铣加工。

图 3-2　X6132 型卧式万能升降台铣床

3.1.2 项目分析

这个项目主要是通过模仿练习，掌握铣床的基本操作方法；能正确调整立铣头和工作台"零位"误差范围并将其控制在 0.05 mm 以内；能了解铣床的操作与日常维护和保养知识。

3.1.3 项目实施

一、操作位置和方法

介绍铣床各个操作位置和方法，X6132 型卧式万能升降台铣床操作位置如图 3 – 3 所示。

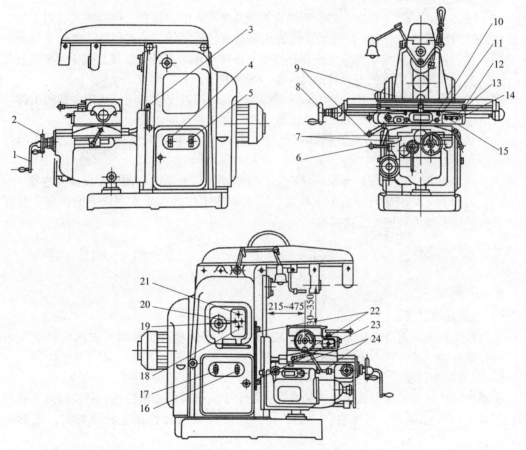

1—工作台垂向手动进给手柄；2—工作台横向手动进给手柄；3—垂向工作台紧固手柄；4—冷却泵转换开关；
5—圆工作台转换开关；6—工作台横向及垂向机动进给手柄；7—横向工作台紧固手柄；8—工作台纵向手动进给手柄；
9—工作台纵向机动进给手柄；10—纵向工作台紧固螺钉；11—回转盘紧固螺钉；12—纵向机动进给停止挡铁；
13、20—主轴及工作台启动按钮；14、19—主轴及工作台停止按钮；15、21—工作台快速移动按钮；
16—主轴换向转换开关；17—电源转换开关；18—主轴上刀制动开关；22—垂向机动进给停止挡铁；
23—手动液压泵手柄；24—横向机动进给停止挡铁。

图 3 – 3 X6132 型卧式万能升降台铣床操作位置

1. 结构特点

（1）铣床主轴轴线与工作台平行。

（2）工作台纵向进给机构与工作台横向进给机构之间有一回转盘并刻有度数，工作台在水平面内可在±45°范围内扳转所需要的角度。

（3）具有纵向进给间隙自动调节装置。

2. 主要部件及其功用

（1）床身：用来安装和连接铣床其他部件。床身正面有垂直导轨，可引导升降台上下移动；床身顶部有燕尾形水平导轨，用以安装横梁并按需要引导横梁水平移动床身，内部装有主轴和主轴变速机构。

（2）主轴：主轴是一根空心轴，前端有锥度为7∶24的圆锥孔，用以插入铣刀刀杆。电动机输出的回转运动和动力，经主轴变速机构驱动主轴连同铣刀一起回转，实现主运动。

（3）横梁：可沿床身顶面燕尾形导轨移动，按需要调节其伸出长度，其上可安装托架。

（4）托架：用以支撑铣刀刀杆的另一端，增强铣刀刀杆的刚度。

（5）工作台：工作台面长1 320 mm，宽320 mm，用以安装需用的铣床夹具和工件。工作台可沿转台上的导轨纵向移动，带动台面上的工件实现纵向进给运动。

（6）转台：可在横向溜板上转动，以便工作台在水平面内倾斜一个角度（ - 45°~ +45°），实现斜向进给。

（7）横向溜板：位于升降台水平导轨上，可带动工作台横向移动，实现横向进给。

（8）升降台：可沿床身导轨上下移动，用来调节工作台在垂直方向上的位置。升降台内部装有进给电动机和进给变速机构。

二、铣床的操作要领

1. 电器部分操作

1）电源转换开关

电源转换开关在床身左侧下部，操作机床时，先将转换开关顺时针方向转换至接通位置；操作结束时，逆时针方向转换至断开位置。

2）主轴换向转换开关

主轴换向转换开关在电源转换开关右边，处于中间位置时主轴停止，将换向开关顺时针方向转换至右转位置时，主轴右向旋转；将其逆时针方向转换至左转位置时，主轴左向旋转。

3）冷却泵转换开关

冷却泵转换开关在床身右侧下部，操作中使用切削液时，要将冷却泵转换开关转换至接通位置。

4）圆工作台转换开关

圆工作台转换开关在冷却泵转换开关右边。在床上安装和使用机动回转工作台时，要将转换开关转换至接通位置。一般情况下放在停止位置，否则机动进给全部停止。

5）主轴及工作台启动按钮

主轴及工作台启动按钮在床身左侧中部及横向工作台右上方，两边为连动按钮启动时，用手指按动按钮，主轴或工作台丝杠即启动。

6）主轴及工作台停止按钮

主轴及工作台停止按钮在启动按钮右面，要使主轴停止转动，就按动按钮，轴或工作台丝杠即停止转动。

7）工作台快速移动按钮

工作台快速移动按钮在启动、停止按钮上方及横向工作台右上方，要使工作台快速移动，就先开动进给手柄，再按住左边的按钮，工作台即按原运动方向做快速移动；放开快速按钮，快速进给立即停止，仍以原进给速度继续进给。

8）主轴上刀制动开关

主轴上刀制动开关在床身左侧中部，启动、停止按钮下方，当上刀或换刀时，要先将转换开关转换到接通位置，然后再上刀或换刀，此时主轴不旋转；上刀完毕时，再将转换开关转换到断开位置。

2. 主轴、进给变速操作

1）主轴变速操作

主轴变速箱装在床身左侧窗口上，变换主轴转速由手柄 3 和转数盘 2 来实现，如图 3-4 所示。主轴转速范围为 30~1 500 r/min，有 18 种。变速时的操作步骤如下。

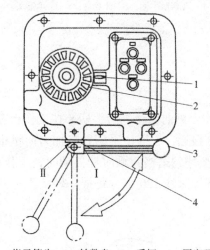

1—指示箭头；2—转数盘；3—手柄；4—固定环。

图 3-4　主轴变速操作

（1）手握变速手柄 3，把手柄向下压，使手柄的榫块自固定环 4 的槽Ⅰ中脱出，再将手柄外拉，使手柄的榫块落入固定环的柄Ⅱ内。

（2）转动转数盘 2，把所需的转速数字对准指示箭头 1。

（3）把手柄 3 向下压后推回原来的位置。使榫块落进固定环槽Ⅰ，并使之嵌入槽中。扳动手柄变速时要求推动速度快一些，在接近最终位置时，推动速度减慢，以利于齿轮啮合。变速时若发现齿轮相碰声，应待主轴停稳后再变速。为了避免损坏齿轮，主轴转动时严禁变速。

2）进给变速操作

进给变速箱是一个独立部件，装在垂向工作台的左边，有 18 种进给速度，范围为 23.5~

1 180 mm/min。速度的变换由进给操作箱来控制，操作箱装在进给变速箱的前面，如图 3 - 5 所示。变换进给速度的操作步骤如下：

（1）双手把蘑菇形手柄 1 向外拉出。

（2）转动手柄，把转数盘 2 上所需的进给速度对准指示箭头 3。

（3）将蘑菇形手柄 1 再推回原始位置。

变换进给速度时，如发现手柄无法推回原始位置，则再转动转数盘或将机动进给手柄开动一下。允许在机床开动情况下进行进给变速，但机动进给时，不允许变换进给速度。

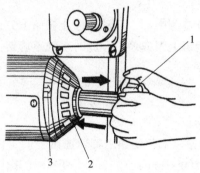

1—蘑菇形手柄；2—转数盘；3—指示箭头。

图 3 - 5　进给变速操作

3. 工作台进给操作

1）工作台手动进给操作

（1）纵向手动进给：工作台纵向手动进给手柄 8 在工作台左端，如图 3 - 3 所示。当手动进给时，将手柄与纵向丝杠接通，手握住手柄并略加力向里推，左手扶轮子做旋转摇动，如图 3 - 6 所示。摇动时速度要均匀适当，顺时针摇动时，工作台向右移动做进给运动，反之则向左移动。纵向刻度盘圆周刻线 120 格，每摇一转，工作台移动 6 mm，每摇一格，工作台移动 0.05 mm。

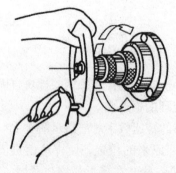

图 3 - 6　纵向手动进给

（2）横向手动进给：工作台横向手动进给手柄 2 在垂向工作台前面，如图 3 - 3 所示。手动进给时，将手柄与横向丝杠接通，右手握住手柄，左手扶轮子做旋转摇动。顺时针方向摇动时，工作台向前移动，反之向后移动。每摇一转，工作台移动 6 mm，每摇一格，工作台移动 0.05 mm。

（3）垂向手动进给：工作台垂向手动进给手柄 1 在垂向工作台前面左侧，如图 3 - 3 所示。手动进给时，使手柄离合器接通，双手握住手柄，顺时针方向摇动时，工作台向上移动，反之向下移动。垂向刻度盘上刻有 40 格，每摇一转，工作台移动 2 mm，每摇一格，工作台移动 0.05 mm。

2）工作台机动进给操作

（1）纵向机动进给：工作台纵向机动进给手柄 9 为复式，如图 3 - 3 所示。手柄有 3 个位置，即向右、向左及停止。将手柄向右扳动时，工作台向右进给，中间为停止位置；将手柄向左扳动时，工作台向左进给，如图 3 - 7 所示。

（2）横向、垂向机动进给：工作台横向及垂向机动进给手柄 6 为复式，如图 3 - 3 所示。手柄有 5 个位置，即向上、向下、向前、向后及停止。将手柄向上扳动时，工作台向上进给，反之向下；将手柄向前扳动时，工作台向里进给，反之向外；当手柄处于中间位置时，进给停止，如图 3 - 8 所示。

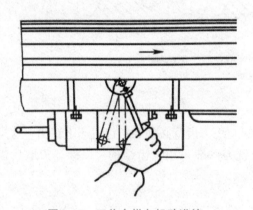

图 3 - 7　工作台纵向机动进给

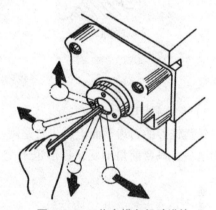

图 3 - 8　工作台横向机动进给

三、铣刀的分类

1. 按铣刀切削部分的材料分类

1）高速钢铣刀

高速钢铣刀有整体和镶齿两种，一般形状较复杂的铣刀都是整体高速钢铣刀。

2）硬质合金铣刀

硬质合金铣刀是将硬质合金刀片以焊接或机械夹固的方式镶装在铣刀刀体上，如硬质合金立铣刀、三面刃铣刀等。

2. 按铣刀的结构分类

1）整体铣刀

整体铣刀是指铣刀的切削部分、装夹部分及刀体成一整体。这类铣刀可用高速钢整料制成，也可用高速钢制造切削部分，用结构钢制造刀体部分，然后焊接成一整体。直径不大的立铣刀、三面刃铣刀、锯片铣刀都采用这种结构。

2）镶齿铣刀

镶齿铣刀的刀体是结构钢，刀齿是高速钢，刀体和刀齿利用尖齿形槽镶嵌在一起。直径较大的三面刃铣刀和套式面铣刀，一般采用这种结构。

3）可转位铣刀

这类铣刀是用机械夹固的方式把硬质合金刀片或其他刀具材料安装在刀体上，因而保持了刀片的原有性能。切削刃磨损后，可将刀片转过一个位置继续使用。这种刀具节省了材料，节省了刃磨时间，提高了生产效率。

3. 按铣刀刀齿的构造分类

1）尖齿铣刀

尖齿铣刀的刀齿截面上，齿背是由直线或折线组成的，如图3-9所示。

（a） （b） （c）

图3-9　尖齿铣刀的刀齿形状

（a）直线形；（b）抛物线形；（c）折线形

2）铲齿铣刀

铲齿铣刀的刀齿截面上，齿背是阿基米德螺旋线。齿背必须在铲齿机床上铲出。这类铣刀刃磨后，只要前角不变，齿形也不变。成形铣刀一般采用铲齿结构，以保证刃磨后齿形不变。

4. 按铣刀的形状和用途分类

不同形状和用途的铣刀如图3-10所示。

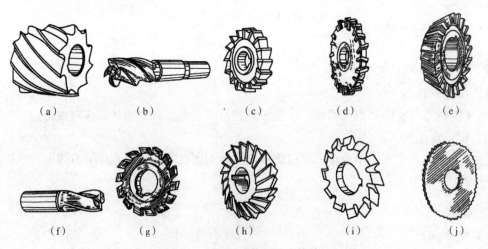

（a） （b） （c） （d） （e）

（f） （g） （h） （i） （j）

图3-10　不同形状和用途的铣刀

（a）圆柱铣刀；（b）立铣刀；（c）直齿三面刃铣刀；（d）错齿三面刃铣刀；（e）单角度铣刀；
（f）键槽铣刀；（g）盘形槽铣刀；（h）双角度铣刀；（i）齿轮盘铣刀；（j）锯片铣刀

1）加工平面用的铣刀

加工平面用的铣刀主要有面铣刀和圆柱刀两种。加工较小的平面，也可用立铣刀和三面刃铣刀。

2）加工直角沟槽用的铣刀

直角沟槽是铣加工的基本内容之一。铣直角沟槽时，常用的有三面刃刀、立铣刀，还有形状如薄片的切口铣刀。键槽是直角弯槽的特殊形式，加工键槽用的铣刀有键槽铣刀和盘形槽铣刀。

3）加工各种特形沟槽用的铣刀

属于加工的特形沟槽很多，如T形槽、V形槽、燕尾槽等，所用的铣刀有T形槽铣刀、角度铣刀、燕尾槽铣刀等。

4）加工各种成形面用的铣刀

加工成形面的铣刀一般是专门设计制造而成的。常用的标准化成形面铣刀有凹圆弧铣刀、凸圆弧铣刀、齿轮盘铣刀和指状齿轮刀等。

5）切断加工用的铣刀

常用的切断铣刀是锯片铣刀。薄片状切口铣刀也可用来切断。

5. 按铣刀的安装方式分类

1）带孔铣刀

采用孔安装的铣刀称为带孔铣刀，如三面刃铣刀、圆柱铣刀等。

2）带柄铣刀

采用柄部安装的带柄铣刀有锥柄和直柄两种形式。如较小直径的立铣刀和键槽铣刀是直柄铣刀，较大直径的立铣刀和键槽铣刀是锥柄铣刀。

四、铣床的润滑与维护保养

铣床的各润滑点如图3-11所示，铣床操作人员必须按期、按油质要求加注润滑油。注油工具一般使用手捏式油壶。

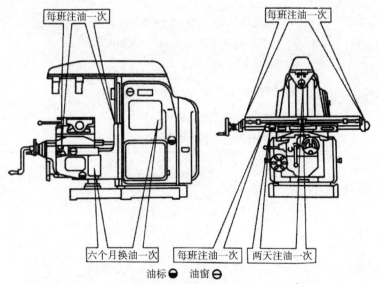

图3-11　X6132型卧式万能升降台铣床各润滑点

（1）平时要注意铣床的润滑。操作人员应根据机床说明书的要求，定期加油和调换润滑油。对手动注油液压泵和注油孔等部位，每天应按要求加注润滑油。

（2）开机之前，应先检查各部件，例如操纵手柄、按钮等是否在正常位置，各部件的灵敏度如何等。

（3）操作人员必须合理使用机床。机床的操作人员应掌握一定的基本知识，如合理选用铣削用量、铣削方法，不能让机床超负荷工作等。安装夹具及工件时，应轻放。在工作台面上不应乱放工具、工件等。

（4）在工作中，应时刻观察铣削情况，如发现异常现象，应立即停机检查。

（5）工作完毕后，应清除铣床上及其周围的切屑等杂物，关闭电源，擦净机床，在滑动部位加注润滑油，整理工具、夹具、计量器具，做好交接班工作。

（6）铣床在运转 500 h 后，应进行一级保养。保养作业以操作人员为主，维修工人配合进行。一级保养的具体内容和要求见表 3 - 1。

表 3 - 1 铣床一级保养的内容和要求

序号	保养部位	保养内容和要求
1	外保养	1. 机床外表清洁。各罩盖保持内外清洁。无锈蚀，无"黄袍"。 2. 清洗机床附件，并涂油防蚀。 3. 清洗各部丝杠。 4. 补齐手柄、手球、螺钉、螺母、垫圈等外观零件
2	传动	1. 修光导轨面毛刺，调整镶条。 2. 调整丝杠螺母间隙，丝杠进给不得窜动，调整离合器摩擦片间隙。 3. 适当调整 V 形带
3	切削液	1. 清洗过滤网、切削液，使其内部无沉淀物、无切屑。 2. 根据情况调换切削液
4	润滑	1. 油路畅通无阻，油毛毡清洁，无切屑，油窗明亮。 2. 检查手动液压泵，内外清洁无油污。 3. 检查油质，应保持良好
5	附件	清洗附件，做到清洁、整齐、无锈迹
6	电器	1. 清扫电器箱、电动机。 2. 检查各限位装置，确保其安全可靠

3.1.4 项目总结

一、检测与反馈

万能升降台操作的评分标准，见表 3 - 2。

表 3 – 2　万能升降台操作的评分标准

	评价内容	自我评价	小组互评	教师评价
技能	铣床的基本操作	掌握（）模仿（）不会（）	掌握（）模仿（）不会（）	掌握（）模仿（）不会（）
	常用工装及使用	掌握（）模仿（）不会（）	掌握（）模仿（）不会（）	掌握（）模仿（）不会（）
	铣床的维护保养	掌握（）模仿（）不会（）	掌握（）模仿（）不会（）	掌握（）模仿（）不会（）
知识	铣床	掌握（）模仿（）不会（）	掌握（）模仿（）不会（）	掌握（）模仿（）不会（）
	铣削	掌握（）模仿（）不会（）	掌握（）模仿（）不会（）	掌握（）模仿（）不会（）
	安全技术及文明生产	掌握（）模仿（）不会（）	掌握（）模仿（）不会（）	掌握（）模仿（）不会（）

二、安全生产常识

1. 安全技术

（1）着装要求：不准穿背心、拖鞋、凉鞋和裙子进入车间；上班前穿好工作服、工作鞋，女生戴好工作帽；严禁戴手套操作；高速铣削或刃磨刀具时应戴防护镜。

（2）操作铣床前，要检查：机床各滑动部位润滑油是否够量；机床各手柄是否放在规定位置上；各进给方向自动停止挡铁是否在限位柱范围内，是否紧牢；机床主轴和进给系统工作是否正常、油路是否畅通；检查夹具、工件是否装夹牢固。

（3）铣床运转时不得调整铣削速度，不得装拆零件；如需调整铣削速度，应在停车后进行。

（4）注意铣刀转向及工作台运动方向，一般只准使用逆铣法。

（5）严格遵守操作规程，不得随意变动切削用量。

（6）铣削齿轮，用分度头分齿时，必须等铣刀完全离开工件后方能转动分度头手柄。

（7）铣削时，不得按快速按钮或扳动快速手柄。禁止用手触摸刀刃和加工部位。

（8）快速进给时，必须使手轮与转轴脱开，防止手轮转动伤人。

（9）发现机床有故障时，应立即停车，切断电源，保持现场，及时报告。

（10）工作时要集中思想，专心操作，不擅自离开机床，离开机床时要关闭电源。

（11）工作完毕后应做好清理工作，并关闭电源。

2. 文明生产

（1）机床应做到每天一小擦，每周一大擦，按时一级保养，保持机床整齐清洁。

（2）操作者的周围场地应保持整洁，地上无油污、积水、积油。

（3）操作时，工具与量具应分类整齐地安放在工具架上，不要随便乱放在工作台上或与铣床的切屑等混在一起。

（4）高速铣削或冲注切削液时，应加放挡板，以防切屑飞出及切削液外溢。

（5）将工件加工完毕时，应将其安放整齐，不乱丢乱放，以免碰伤工件表面。

（6）保持图纸和工艺文件的清洁完整。

3.1.5 拓展知识

一、万能铣床工作台零位的调整

如果铣床工作台零位不准，则纵向工作台的进给方向与主轴轴线不垂直。加工时，如用三面刃铣刀铣直角槽，则粗糙度会较大，槽型上宽下窄，并为凹圆弧形，如图 3-12 所示；如果用锯片刀铣槽或切断，则会造成切口不平，产生啸叫，甚至打刀；如果铣削直齿柱齿轮，则会产生齿形畸变。

铣床工作台零位的调整方法如下：使工作台位于纵向、横向行程中间位置，紧固升降台，放松回转台的紧固螺钉，如图 3-13 所示。将百分表固定在插入主轴锥孔的角形表架上，使触点顶在紧靠中央 T 形槽侧面 a 处的专用滑块上。转动主轴，并将滑块移动距 a 为 300 mm 的 b 处检验。应按百分表两处读数将工作台调整到 a、b 两处，300 mm 的间距允差不大于 0.02 mm。

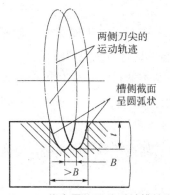

图 3-12 工作台零位误差对铣槽的影响

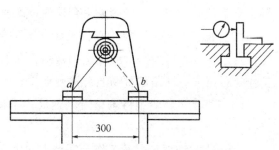

图 3-13 万能铣床工作台零位的调整

二、卧式铣床万能立铣头零位的调整

如果立铣头零位不准，则主轴轴线与工作台不垂直，加工时，将发生类似万能铣床工作台零位不准所发生的质量问题。例如，用端铣刀铣平面，横向进给铣削会使铣削平面和工作台面倾斜，纵向进给铣削会铣出一个凹面，如图 3-14 所示，其刀痕为单向的弧形纹路。如果镗孔，当升降台垂直进给时，会镗出椭圆孔；当主轴套筒进给时，会产生孔的轴线歪斜。

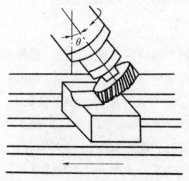

图 3-14 立铣头零位不准铣出凹面

铣床万能立铣头的调整方法如下：在主轴孔中安装锥柄检验棒，并在工作台上固定百分表座，使表触点与检验棒外圆纵向母线接触，然后升降工作台，根据表针读数变化情况，再调整转动铣头。因该立铣头能在两个方向转动，所以在检验棒圆周上（横向外母线）间隔90°处再校验调整一次。

项目二　平面的铣削加工

3.2.1　项目提出

本项目是学习平面的铣削加工方法。通过本项目的学习和练习，能够完成图 3 – 15 所示零件的铣削加工。

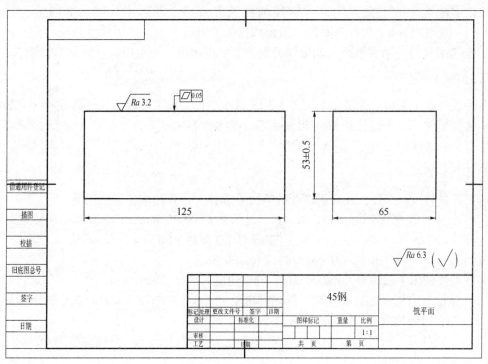

图 3 – 15　铣平面

3.2.2　项目分析

一、工艺分析

1. 分析图样

加工精度分析：平面 125 mm × 65 mm，平面度 0.05 mm，毛坯为 125 mm × 65 mm ×

55 mm 的矩形 45 钢，材料来源于锻坯。

表面粗糙度分析：工件要加工的表面粗糙度值均为 *Ra* 3.2，采用铣削加工能达到要求。

材料分析：零件材料为 45 钢，切削性能较好，可选用高速钢铣刀，也可选用硬质合金铣刀加工。

2. 选用机床

根据图样的精度要求，平面可在立式铣床上用套式铣刀进行铣削加工，也可以在卧式铣床上用圆柱铣刀铣削加工。这里选用 X6132 型卧式万能升降台铣床。

3. 选择装夹方式

选用机用虎钳装夹工件。考虑到毛坯面对夹具定位夹紧面精度的影响以及夹持坯件的夹紧力，坯件装夹时宜在工件和虎钳定位夹紧面中间垫铜片。

4. 选择刀具

根据图样给定的平面宽度尺寸选择圆柱铣刀规格，现选用外径为 80 mm、宽度为 78 mm、孔径为 27 mm、齿数为 6 齿的粗齿圆柱铣刀粗铣平面。选用尺寸规格相同、齿数为 10 齿的细齿圆柱铣刀精铣平面。如果铣刀粗铣后磨损较少，也可用同一把铣刀精铣。

5. 确定加工过程

在卧式铣床上采用圆柱铣刀加工图 3 – 15 所示零件，加工过程为：坯件检验→安装机用虎钳→装夹工件→安装圆柱铣刀→粗铣平面→精铣 125 mm × 65 mm 基准平面→预检平面度→质量检验。

6. 选择铣削用量

按工件材料（45 钢）、铣刀规格和机床型号选择、计算和调整铣削用量。

（1）粗铣，取铣削速度 $v_c = 15$ m/min，进给量 $f_z = 0.12$ mm/z，则铣床主轴转速为

$$n = 1\,000 v_c / (\pi D) = (1\,000 \times 15)/(3.14 \times 80) \approx 60(\text{r/min})$$

进给速度 $v_f = f_z z n = 0.12 \times 6 \times 60 = 43.2$ （mm/min）

实际调整铣床主轴转速 $n = 60$ r/min，进给速度 $v_f = 43.2$ mm/min。

（2）精铣，取铣削速度 $v_c = 20$ m/min，进给量 $f_z = 0.06$ mm/z，实际调整铣床主轴转速 $n = 95$ r/min，进给速度 $v_f = 60$ mm/min。

（3）粗铣的背吃刀量为 2.5 mm，精铣的背吃刀量为 0.5 mm。铣削宽度为 60 mm。

7. 选择检测方法

（1）平面度采用刀口形直尺检验。

（2）平行面之间的尺寸和平行度用外径千分尺测量。

（3）表面粗糙度采用目测样板类比检验。

3.2.3　项目实施

一、相关知识

平面铣削是铣工基本的工作内容，也是进一步掌握铣削其他各种复杂表面的基础。

在各个方向上都成直线的面称为平面。平面是机械零件的基本表面之一。平面铳削的技术要求包括平面度和表面粗糙度，还常包括相关毛坯面加工余量的尺寸要求。

1. 铳平面用铳刀的类型

铳平面用铳刀如图 3－16 所示，常用的有圆柱铳刀、套式面铳刀和机夹式面铳刀。

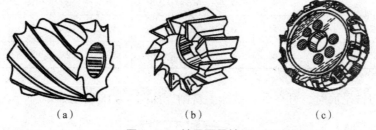

（a）　　　　　　　（b）　　　　　　　（c）

图 3－16　铳平面用铳刀

（a）圆柱铳刀；（b）套式面铳刀；（c）机夹式面铳刀

2. 铳刀的选择和安装

1）铳刀直径和宽度的选择

用圆柱铳刀铳平面时，所选择的铳刀宽度应等于被加工工件表面宽度的 1.2～1.5 倍，这样可以在一次进给中铳出整个加工表面，如图 3－17 所示。

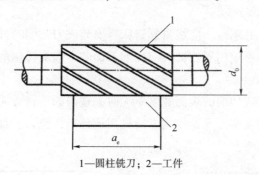

1—圆柱铳刀；2—工件

图 3－17　铳刀宽度与工件宽度

一般情况下，尽可能选用较小直径规格的铳刀。因为铳刀的直径大，则铳削力矩增大，易造成铳削振动，而且铳刀的切入长度增加，会使铳削效率下降。面铳刀直径的选择可参照下式选择：$d_0 = (1.4 - 1.6)a_e$，见表 3－3。

表 3－3　面铳刀直径的选择　　　　　　　　　　　mm

铳削宽度 a_e	40	60	80	100	120	150	200
铳刀直径 d_0	50～63	80～100	100～125	125～160	160～200	200～250	250～315

2）铳刀齿数的选择

硬质合金面铳刀的齿数有粗齿、中齿和细齿之分，见表 3－4。粗齿面铳刀适用于钢件的粗铣；中齿面铣刀适用于铣削带有断续表面的铸铁件或对钢件的连续表面进行粗铣或精铣；细齿面铣刀适用于机床功率足够的情况下对铸铁进行粗铣或精铣。

表3-4 硬质合金面铣刀的齿数选择

铣刀直径 d_0/mm		50	63	80	100	125	160	200	250	315	400	500
齿数/齿	粗齿		3	4	5	6	8	10	12	16	20	26
	中齿	3	4	5	6	8	10	12	16	20	26	34
	细齿			6	8	10	14	18	22	28	36	44

用圆柱铣刀铣平面时，可在卧式铣床上铣削，如图3-18所示。

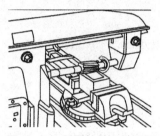

图3-18 用圆柱铣刀铣平面

3）铣刀的安装

为了增加铣刀切削时的刚性，应尽量靠近床身安装铣刀，同时，也应尽量靠近铣刀安装挂架。由于铣刀的前刀面形成切屑，铣刀应向前刀面的方向旋转切削工件，否则会因刀具不能正常切削而崩刃。

切除的工件余量不大或切削的表面宽度不大时，铣刀的旋转方向应与刀轴紧刀螺母的旋紧方向相反，即从挂架端观察，无论使用左旋铣刀还是右旋铣刀，都使铣刀按逆时针方向旋转切削工件，如图3-19所示。

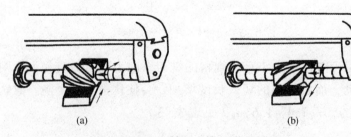

(a)　　　　　　　　　　(b)

图3-19 轴向力指向铣床主轴

（a）右旋铣刀顺时针旋转；（b）左旋铣刀逆时针旋转

切除的工件余量较大、切削的表面较宽或切削的工件材料硬度较高时，应在铣刀和刀轴间安装定位键，防止铣刀在切削中发生松动，如图3-20所示。

为了克服进给力的影响，从挂架一端观察，使用右旋铣刀时，应使铣刀按顺时针方向旋转铣削工件，如图3-19（a）所示；使用左旋铣刀时，应使铣刀按逆时针方向旋

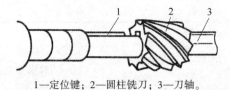

1—定位键；2—圆柱铣刀；3—刀轴。

图 3 – 20　在铣刀和刀轴间安装定位键

转铣削工件，如图 3 – 19（b）所示，这样可使进给力指向铣床主轴，增加铣削工作的平稳性。

3. 周边铣削与端面铣削

1）周边铣削

如图 3 – 21 所示，周边铣削又称圆周铣削，简称周铣，是指用铣刀的圆周切削刃进行的铣削。铣削平面利用的是分布在圆柱面上的切削刃，用周铣法加工而成的平面，其平面度和表面粗糙度主要取决于铣刀的圆柱度和铣刀刃口的修磨质量。

2）端面铣削

端面铣削如图 3 – 22 所示，简称端铣，是指用铣刀端面上的切削刃进行的铣削。铣削平面利用的是铣刀端面上的刀尖（或端面修光切削刃），用端铣法加工而成的平面，其平面度和表面粗糙度主要取决于铣床主轴的轴线与进给方向的垂直度和铣刀刀尖部分的刃磨质量。

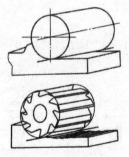

图 3 – 21　周边铣削

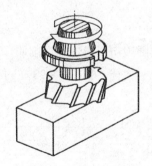

图 3 – 22　端面铣削

3）周铣和端铣的对比

表 3 – 5 对周边铣削和端面铣削的特点进行了对比分析。

表 3 – 5　周边铣削和端面铣削的对比

比较内容	周边铣削	端面铣削
铣削层深度	可很大，必要时可超过 20 mm	由于受切削刃长度的限制，不能很深，一般在 20 mm 以内
铣削层宽度	圆柱铣刀的长度不太长（最长为 160 mm），铣削层宽度一般小于 160 mm	面铣刀的直径可做得很大，铣削层宽度可很宽（目前有直径大于 600 mm 的面铣刀）

续表

比较内容	周边铣削	端面铣削
进给量	同时参加切削的齿数少，刀轴刚性差，进给量较小	同时参加切削的齿数多，进给量较大
铣削速度	刚性差，铣削速度较低	刀轴短，刚性好，铣削平稳，铣削速度较高，尤其适于高速切削
平面度	主要取决于铣刀的圆柱度，可能产生凹，也可能产生凸，对大平面还产生接刀痕	主要取决于铣床主轴与进给方向的垂直度，在整个铣刀通过时平面只可能凹，不可能凸，适于加工大平面
表面粗糙度	要减小表面粗糙度值，只能减少每齿进给量和每转进给量，但这样会降低生产率。增大铣刀直径也能减小表面粗糙度，但增大铣刀直径会有一定的限度。表面粗糙度可达 $Ra\ 1.6\ \mu m$	在每齿进给量相同的条件下，铣出的表面粗糙度值要比周边铣削时大。但在适当减小副偏角和主偏角，以及采用修光刀刃时，表面粗糙度会显著减小。一般比 $Ra\ 1.6\ \mu m$ 大，甚至可小于 $Ra\ 0.8\ \mu m$

4. 顺铣和逆铣

按铣刀旋转方向和工作台进给方向配合形式的不同，铣削可以分为顺铣和逆铣两种基本形式。

1）周铣法的顺铣和逆铣

用铣刀的圆周切削刃进行铣削叫作周铣。铣刀旋转方向和工作台进给方向相同时的铣削叫顺铣，反之叫逆铣，如图 3-23（a）所示。

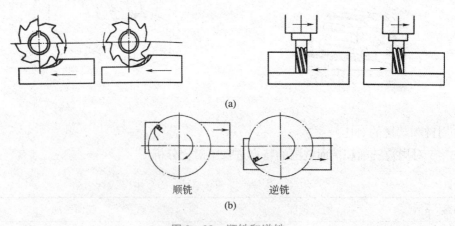

(a)

顺铣　　逆铣

(b)

图 3-23　顺铣和逆铣
(a) 周铣法的顺铣和逆铣；(b) 端面法的顺铣和逆铣

周铣法的顺铣和逆铣比较见表 3-6。

表 3 – 6　周铣法的顺铣和逆铣比较

内容	顺铣	逆铣
刀具寿命	切屑厚度由最厚逐步减到最薄，开始切削时刀齿不会滑动，易切削金属，刀具寿命较高	切屑厚度由零逐渐增至最厚，刀齿必须在加工表面滑动一小段距离才能切入工件，这时产生强烈摩擦，加工表面硬化，切削温度升高，加快铣刀磨损
夹紧力	加工时工件受到的垂直分力指向工作台，有稳定工件作用，夹紧力可用得较小	加工时工件受到的垂直分力指向上方使工件掀起，因此，所用的夹紧力必须加大
动力消耗	较小	较大
加工表面粗糙度	刀齿和工件没有滑动摩擦，亦没有向上切削分力引起的振动，表面粗糙度较小	刀齿和工件有滑动摩擦；加工面形成硬化层；工件受向上分力，可引起周期性振动；表面粗糙度较大
对机床的要求	切削时受水平方向切削分力影响，丝杠会产生窜动，造成加工表面深啃、打刀，甚至损害机床。对机床特别是配合间隔要求较高	铣削中不会改变丝杠间隙方向，铣削平稳
对工件的要求	表面有硬皮的毛坯工件不宜采用，谨防刀齿突然切削硬皮而崩刀	表面有硬皮的工件可以加工

2）端铣法的顺铣和逆铣

用铣刀的端面切削刃对着铣削宽度的铣削叫作端铣。端铣中，铣刀轴线和工件宽度中线重合的叫对称铣削，不重合的叫不对称铣削。端铣时，顺铣和逆铣同时存在，切出部分为顺铣，切入部分为逆铣。切出部分大于切入部分的不对称铣削叫作顺铣，反之称为逆铣，如图 3 – 23（b）所示。端铣法的顺铣和逆铣的比较如下：

（1）端铣法做不对称逆铣时，切屑厚度从薄到厚，刀齿不会在工件加工表面滑移，不存在周铣法逆铣时的问题。

（2）端铣法做不对称顺铣时，丝杠亦会发生窜动，拉动工件台，一般不予应用。

（3）端铣法做对称铣削时，作用在工作台横向进给方向上的分力较大，会把工作台横向拉动。所以，在铣削前应紧固横向工作台，并且最好用于加工短而宽或较厚的工件，不宜加工狭长或较薄的工件。

用端铣法做顺铣时的优点是：切削刃在切离工件时较薄，所以切屑容易去掉，切削刃切入时切屑较厚，不致在冷硬层中挤刮，尤其对容易产生冷硬现象的材料，如不锈钢，则更为明显。

5. 对称铣削与不对称铣削

工件的中心处于铣刀中心时称为对称铣削，如图 3 – 24（a）所示。对称铣削时，一半为顺铣，另一半为逆铣。

当工件的加工表面宽度较宽，接近于铣刀直径时，应采用对称铣削。工件的中心偏在铣刀中心的一侧时称为不对称铣削。不对称铣削也有顺铣和逆铣的区别。大部分为顺铣，少部分为逆铣，则称为顺铣，如图 3 – 24（b）所示；大部分为逆铣，少部分为顺铣，则称为逆铣，如图 3 – 24（c）所示。铣平面时，应尽量采用不对称逆铣，以减少铣削中工件的窜动。

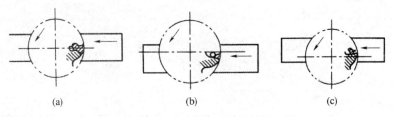

图 3 – 24　对称铣削与不对称铣削

（a）对称铣削；（b）不对称顺铣；（c）不对称逆铣

6. 校正立铣头主轴轴线与工作台台面的垂直度

在 X6132 型铣床上安装万能立铣头，用面铣刀铣平面时，如果立铣头主轴轴线与工作台台面不垂直，用纵向进给铣削工件，则会铣出一个凹面（图 3 – 25），影响加工表面的平面度。

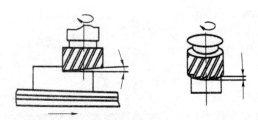

图 3 – 25　在立式铣床上用面铣刀铣出凹面

除此之外，在铣削沟槽、斜面等其他零件时，也会产生斜面不准、沟槽底面不平或倾斜等现象。因此，立铣头安装后，应校正立铣头主轴轴线与工作台台面的垂直度。校正的方法有以下两种：

1）用直角尺和锥度心轴进行找正

找正时，取一锥度与立铣头主轴锥孔锥度相同的心轴，插入立铣头主轴锥孔。轻轻用力将心轴的锥柄插入立铣头主轴锥孔，将直角尺的尺座底面贴在工作台台面上，使直角尺的外侧面靠向心轴的圆柱部分，用肉眼观察直角尺外侧面与心轴圆柱面是否密合，确定立铣头主轴轴线是否与工作台台面垂直。检测时，应松开铣头壳体和主轴座体的紧固螺母，使直角尺的尺座分别在与纵向工作台行程方向平行和垂直的两个方向检测，如图 3 – 26 所示。

2）用百分表进行找正

找正时，将百分表的表杆通过心轴夹持在立铣头主轴上，然后安装百分表，使表的测量触点与工作台台面接触，活动测量杆压缩 0.3 ~ 0.4 mm，记下表的读数，将立铣头主轴回转一周，观察表的指针在 300 mm 回转范围以内的变化情况，再适当调整立铣头主轴的位置，

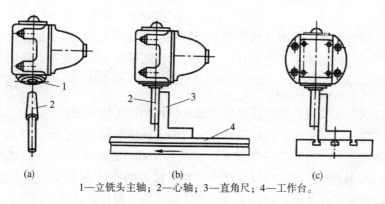

1—立铳头主轴；2—心轴；3—直角尺；4—工作台。

图3-26 用直角尺校正立铳头主轴轴线与工作台台面垂直

（a）将心轴插入立铳头主轴锥孔；（b）与纵向进给方向平行检测；（c）与纵向进给方向垂直检测

使百分表回转一周以内的读数一致，立铳头主轴就与工作台台面垂直了。

7. 切削液的作用

切削时会产生切削热，使刀具和工件接触处温度升高，磨损加剧。使用切削液能显著延长刀具的寿命和提高加工质量，并能降低切削力和提高生产率。

1）冷却作用

切削液能将已产生的切削热从切削区域迅速带走，使切削温度降低，保持刀具的耐用度。

2）润滑作用

切削液能在刀具的前、后刀面上形成一层润滑薄膜，减少刀具和工件表面的直接接触，减轻摩擦和黏结现象。

3）清洗作用

切削液流动能将切屑和金属粉尘等及时带走，防止细碎的切网及砂粒粉末等污物附着在工件、刀具和机床工作台上，以免影响工件表面质量、机床精度和刀具寿命。

4）防锈作用

切削液能使机床、工件、刀具不受周围介质（如空气、水分、手汗等）的腐蚀，起到一定的防锈作用。防锈作用的好坏，取决于切削液本身的性能和加入的防锈添加剂。

8. 切削液的种类

切削液要求对人体健康无害，对机床无腐蚀作用，不易燃，吸热量大，润滑性能好，不易变质，价格低廉，这样才能得到大量使用。切削液按性质可分为三大类。

1）水溶液

水溶液的主要成分是水。它的流动性、比热、导热系数、汽化热等均较好，冷却性能很好，价格低，但对金属有腐蚀作用，往往加入水溶性防锈添加剂，应用较广泛。

2）乳化液

乳化液是将乳化油用水稀释而成。它具有良好的冷却性能，但润滑、防锈性能较差，使用时常加入一定量的防锈添加剂和极压添加剂。

3）切削油

切削油的主要成分是矿物油（柴油和全损耗系统用油等），比热容低，流动性差，润滑性能好，适用于轻负荷精加工。使用时，可加入油性防锈添加剂以提高其防锈和润滑性能。

9. 切削液的选用

切削液的选用，主要应根据工件材料、刀具材料和加工性质来确定。

粗加工时，由于切削量大，切削热量大，切削区域温度易升高，而且对加工质量要求不高，应选用以冷却为主，并具有一定润滑、清洗和防锈作用的切削液，如水溶液和乳化液等。精加工时，切削量少，切削热量也较小，对工件表面质量要求高，应选用以润滑为主，并具有一定冷却作用的切削液，如切削油。在铣削铸铁等脆性金属时，因为它们的切屑呈细小颗粒状且与切削液混在一起，容易黏结和堵塞刀、工件、工作台、导轨及管道，从而影响铣刀的切削性能和工件表面的加工质量，所以一般不加切削液。在用硬质合金铣刀进行高速切削时，由于刀具耐热性能好，故也可不用切削液。

在使用切削液时，还应注意以下几点：

（1）切削液要足够，保证铣刀充分冷却，尤其是在铣削速度较高和粗加工时，更为重要。

（2）铣削开始就应立即加注切削液，不要等到铣刀发热后再冲注，否则会使铣刀过早磨损，加工质量也不易得到保证。

（3）切削液应冲注在切屑从工件上分离下来的部位，即冲注在热量最大、温度最高的地方。

（4）应注意检查切削液的质量，尤其是乳化液。使用变质的切削液常常不能达到预期的效果。

二、工作步骤

1. 任务分配

每人 10 件毛坯，按任务图纸要求进行平面铣削，单件加工时间为 6 min。

2. 工件加工步骤

1）对照图样检查毛坯

（1）目测检测坯件的形状和表面质量。如各表面之间是否基本平行、垂直，表面是否有无法通过铣削加工的凹陷、硬点等。

（2）用钢直尺检验坯件的尺寸，并结合各毛坯面的垂直和平行情况，测量最短的尺寸以检验坯件是否有加工余量。

2）安装机用虎钳

（1）安装前，将机用虎钳的底面与工作台面擦干净，若有毛刺、凸起，应用磨石修磨平整。

（2）检查虎钳底部的定位键是否紧固，定位键、定位面是否在同一方向安装。

（3）将虎钳安装在工作台中间的 T 形槽内，钳口位置居中，并用手拉动虎钳底盘，使定位键向 T 形槽直槽一侧贴合。

（4）用 T 形螺栓将机用虎钳压紧在工作台面上。

3）装夹和找正工件

工件下面加垫长度大于 65 mm，宽度小于 125 mm 的平行垫块，其高度应保证工件上平面高于钳口 10 mm。粗铣时在整块和钳口处衬垫铜片。工件夹紧以后，用锤子轻轻敲击工件，并拉动垫块检查下平面是否与垫块贴合。

4）安装铣刀

安装圆柱铣刀的步骤详见本节"相关知识"中的"2. 铣刀的选择和安装"。

5）对刀和粗铣平面

（1）启动主轴，调整工作台，使铣刀处于工件上方，对刀时不必擦到毛坯表面，因毛坯表面的氧化层会损坏铣刀切削刃。

（2）纵向退刀后。按粗铣背吃刀量 2.5 mm 上升工作台，用逆铣方式粗铣平面。粗铣参数：进给速度 $v_f = 60 \sim 75$ mm/min，主轴转速 $n = 95 \sim 118$ r/min，背吃刀量 $a_p = 2$ mm。

6）预检

（1）用刀口形直尺预检工件表面的平面度。

（2）用游标卡尺或千分尺测量尺寸的实际余量，这里只有一个平面，就不用测量尺寸了。

（3）换装细齿圆柱铣刀，调整主轴转速和进给量。

（4）精铣一平面，吃刀量为 0.3 mm，用刀口形直尺预检精铣后表面的平面度，以确定铣刀的切削刃刃磨质量及圆柱度误差。

用刀口形直尺测量时，沿刀具轴线方向测得的误差主要是由圆柱铣刀刃口质量和圆柱度误差引起的。若精铣平面的平面度未达到 0.20 mm 的要求，应更换铣刀。

7）精铣表面

按粗铣的步骤精铣表面，进给速度 $v_f = 75$ mm/min，主轴转速 $n = 150$ r/min，背吃刀量 $a_p = 0.5$ mm。

3. 平面的检测

（1）平面的表面粗糙度检验。用标准的表面粗糙度样块对比检验，或凭经验用眼观察得出结论。

（2）平面的平面度检测。用刀口尺检验平面的平面度。观察刀口与工件平面间的缝隙大小，或用塞尺塞入缝隙确定。检测时，移动尺子，分别在工件的纵向、横向、对角线方向进行检测，最后测出整个平面的平面度误差。工件尺寸可用游标卡尺测量。

3.2.4　项目总结

一、检测与反馈

平面铣削的评分标准，见表 3 - 7。

表 3 - 7　平面铣削的评分标准

序号	项目	精度要求	配分	评分标准	检测结果	分数
1	尺寸公差	53 ± 0.5	20	不合格不得分		
2	形位公差	⌗ 0.05	20	不合格不得分		

序号	项目	精度要求	配分	评分标准	检测结果	分数
3	表面粗糙度	$\sqrt{Ra\,3.2}$	20	不合格不得分		
4	正确选择铣削用量		40	一项不正确扣 2 分		
5	数量	10 件				
6	安全文明生产	凡违反操作规程，损坏工具、量具、刃具等， 酌情扣 3～10 分				
7	合计					

二、注意事项

（1）调整背吃刀量时，若手柄摇过头，应注意消除丝杠和螺母间隙对移动尺寸的影响。

（2）铣削中，不准用手摸工件和铣刀，不准测量工件，不准变换工作台进给量。

（3）铣削中，不能停止铣刀旋转和工作台机动进给，以免损坏刀具，损伤工件。若因故必须停机，则先降落工作台，再停止工作台进给和铣刀旋转。

（4）进给结束后，工件不能立即在铣刀旋转的情况下退回，应先降落工作台，再退刀。

（5）不使用的进给机构应紧固，工作完毕后应松开。

（6）用机用平口钳夹紧工件后，将机用平口钳扳手取下。

三、质量分析

1. 平面的表面粗糙度不符合要求的原因

（1）铣刀切削刃不锋利，铣刀刀齿圆跳动过大，进给过快。

（2）不使用的进给机构没有紧固，挂架轴承间隙过大，切削时产生振动，加工表面出现波纹。

（3）进给时中途停止主轴旋转、停止工作台机动进给，造成加工表面出现刀痕。

（4）没有降落工作台，铣刀在旋转情况下退刀，啃伤工件加工表面。

2. 平面的平面度不符合要求的原因

（1）圆柱铣刀的圆柱度不好，使铣出的平面不平整。

（2）立铣时，立铣头零位不准；铣平面时，工作台零位不准，铣出凹面。

3.2.5 拓展案例

一、拓展练习

完成图 3 – 27 所示连接面的铣削。

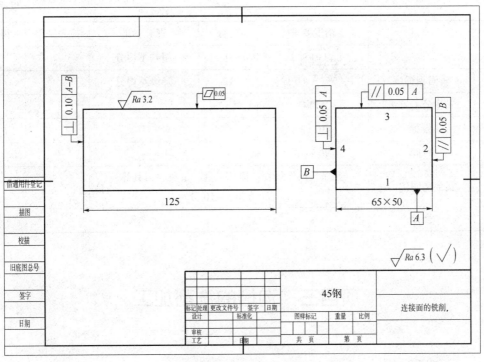

图 3 – 27　连接面的铣削

二、注意事项

加工长方体工件时，应选择一个较大的面或用图样上的设计基准面作为定位基准面，这个面必须是第一个安排加工的表面。加工其余各面时，都要以定位基准面为基准进行加工。加工过程中，始终将定位基准面靠向平口钳的固定钳口或钳体导轨面，以保证各个加工面与定位基准面平行或垂直。例如，选择图 3 – 27 中面 1 为加工基准面，则面 1 就是第一个安排加工的表面。

三、检测与反馈

连接面的铣削评价标准，见表 3 – 8。

表 3 – 8　连接面的铣削评价标准

序号	项目	精度要求	配分	评分标准	检测结果	得分
1	尺寸公差	125	13	超差不得分		
2		65	15	超差不得分		
3		50	15	超差不得分		
4	形位公差	// 0.05 A	9	超差不得分		
5		⊥ 0.10 A–B	18	超差不得分		
6		// 0.05 B	9	超差不得分		

续表

序号	项目	精度要求	配分	评分标准	检测结果	得分
7		⊥ 0.05 A	9	超差不得分		
8	表面粗糙度	$\sqrt{Ra\,3.2}$ (6 处)	12	降级不得分		
9	未注公差等级	IT14				
10	数量	10 件				
11	时间	90 min				
12	安全文明生产	凡违反操作规程，损坏工具、量具、刃具等，酌情扣 3 ~ 10 分				
13	合计					

项目三　沟槽的铣削加工

3.3.1　项目提出

带台阶和直角沟槽的工件很多，所以在铣床上铣削台阶和直角沟槽是铣工经常要做的工作。另外，小型和较薄工件的切断也多在铣床上进行。沟槽在各类夹具和机床导轨中的应用非常广泛。完成铣削加工图 3-28 所示的 V 形槽。

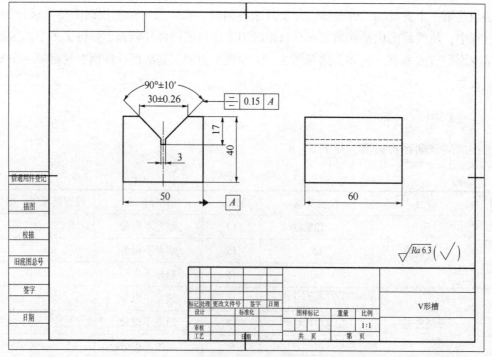

图 3-28　V 形槽

3.3.2　项目分析

要完成图 3－28 所示 V 形槽加工时，需按以下步骤进行工艺准备。

一、工艺准备

1. 分析图样

1）加工精度分析

（1）V 形槽窄槽宽 3 mm，深 17 mm，V 形槽的开口宽（30±0.26）mm，夹角为 90°±10′。

（2）V 形槽对尺寸为 50 mm 侧面外形的对称度公差为 0.15 mm。

（3）毛坯为 60 mm×50 mm×40 mm 的矩形工件。

2）表面粗糙度分析

V 形槽加工表面粗糙度值均为 Ra 6.3 μm，铣削加工比较容易达到要求。

3）材料分析

工件材料为 QT600－3（229～302HBS）。与 HT200 相比，其硬度较高。

4）形状分析

矩形工件，便于装夹。

2. 选择铣床

选用 X6132 型卧式万能升降台铣床。

3. 选择装夹方式

选择机用虎钳装夹工件，工件以侧面和底面作为定位基准。

4. 选择刀具

根据图样给定的 V 形槽基本尺寸，选择直径为 100 mm、宽度为 3 mm 锯片铣刀铣削中间窄槽；选择外径为 100 mm、角度为 90°的对称双角度铣刀铣削 V 形槽。

5. 确定加工过程

根据图样精度要求，V 形槽可在立式铣床上用立铣刀铣削加工，也可在卧式铣床上用双角度铣刀铣削加工。现选择在卧式铣床上铣削，V 形槽铣削加工过程为：坯件检验→安装、找正机用虎钳→工件表面划出窄槽对刀线→装夹找正工件→安装锯片铣刀→对刀、试切预检→铣削窄槽→换装双角度铣刀→垂向深度对刀→铣削 V 形槽→质量检验。

6. 选择铣削用量

按工件材料（QT600－3）、铣刀规格和机床型号选择、计算和调整铣削用量。铣削中间窄槽时，调整主轴转速 n = 47.5 r/min，进给速度 v_f = 23.5 mm/min；铣削 V 形槽时，调整主轴转速 n = 60 r/min，进给速度 v_f = 47.5 mm/min。

7. 选择检测方法

V 形槽的槽口宽度用游标卡尺和钢直尺测量，槽形角用游标万能角度尺测量，对称度的测量与直角槽的对称度测量类似，用百分表借助标准圆棒测量，中间窄槽用游标卡尺测量。

3.3.3 项目实施

一、相关知识

1. 沟槽的种类和技术要求

1）沟槽的种类

根据沟槽截面的不同，常把沟槽分为直角沟槽和特形沟槽。

常见的直角沟槽有开式、封闭式和半封闭式三种，如图 3-29 所示。其中半封闭式沟槽的尾部有立式铣刀圆弧（立圆弧）和盘式铣刀圆弧（卧圆弧）两种形式，轴上键槽是用平键连接轴与套的一种典型的直角沟槽。在铣床上铣削加工的特形沟槽有 V 形槽、T 形槽、半圆键槽和燕尾槽等。机床导轨、轴类零件的定位常采用 V 形槽；T 形槽主要用于串装 T 形螺栓，如机床工作台上的 T 形槽，用于串装螺栓装夹工件；燕尾槽配合通常也用于机床导轨如铣床的纵向和垂向导轨。

（a） （b） （c）

图 3-29 直角沟槽的种类

（a）开式；（b）封闭式；（c）半封闭式（卧圆弧）

2）沟槽的技术要求

（1）尺寸精度：槽的宽度、长度和深度都有一定的尺寸精度要求，尤其是对与其他零件相配合的部位尺寸精度要求相对较高。如键槽的两侧面，因与平键配合，其宽度尺寸公差≤0.052 mm。

（2）形状精度：各种形状的沟槽经铣削加工后，应符合图样的形状精度要求。直角沟槽和特形沟槽都由平面组成，因此，通常有平面度和直线度基本要求。用于配合的平面，其形状要求比较高，如键槽的两侧面、T 形槽基准直槽的两侧面、V 形槽的 V 形面、燕尾槽的配合斜面和水平面等。

（3）位置精度：槽与基准之间一般有位置精度要求，如轴上键槽一般有槽宽尺寸对工件轴线的对称度要求；又如 T 形槽中间平面与基准侧面的平行度要求；几条 T 形槽之间的平行度要求。此外，对在轴类零件上分布的沟槽，还有等分精度或夹角的要求。

（4）表面粗糙度：对组成槽的各表面都有表面粗糙度要求，用于配合的表面要求较小的表面粗糙度值，如工作台面 T 形槽基准直槽的两侧面常用于夹具定位，因此要求具有较小的表面粗糙度值。

2. 直角沟槽的加工方法

1）常用刀具

直角沟槽由三个平面组成，相邻两平面之间相互垂直，两侧面相互平行。直角沟槽通常用盘形铣刀和指形铣刀加工，开式直角沟槽可用三面刃铣刀和盘形槽铣刀加工，较宽的直角沟槽可采用合成铣刀加工，如图3－30所示。封闭式直角沟槽采用立铣刀或键槽铣刀加工。半封闭式直角沟槽则需根据封闭端的形式确定，立式圆弧采用立铣刀或键槽铣刀加工，卧式圆弧采用盘形铣刀加工。值得注意的是，键槽铣刀在修磨时只能修磨端面齿刃，否则会影响键槽宽度尺寸的铣削精度。

2）常用装夹方式

矩形工件和箱体零件的装夹方式与铣削平面和连接面时基本相同。轴类件的装夹方式及其特点如下：

（1）用机用虎钳装夹轴类工件，如图3－31所示。当机用虎钳在工作台上找正并固定后，固定钳口与导轨上平面与工作台之间的相对位置是不变的。若轴的直径有变化，则后一工件的轴线位置会沿45°方向发生变化，从而影响工件上槽的对称度和深度尺寸。因此，这种方法适用于单件加工或小批轴径经过精加工且尺寸精度要求较高的零件。

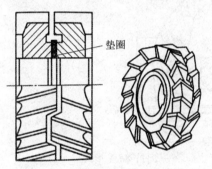

图3－30　铣削直角沟槽的合成铣刀

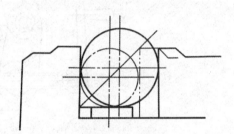

图3－31　用机用虎钳装夹轴类工件

（2）用V形铁定位装夹轴类工件，如图3－32所示。当工件直径有变化时，工件的轴线位置将沿V形面的角平分线改变，因此在多件或成批加工时，只要指形铣刀的轴线或盘形铣刀的中分线对准V形槽的角平分线，铣出的直角沟槽只会在深度尺寸上有变化，而对称度不会有变化，如图3－32（b）所示。但如果在卧式铣床上用指形铣刀铣削，或在立式铣床上用盘形铣刀铣削，那么当V形槽的角平分线仍为垂直时，工件直径会有变化，会直接影响直角槽的对称度，如图3－32（c）所示。对直径在20～60 mm的细长轴，可利用工作台T形槽口对工件进行定位装夹，装夹方法和定位误差与V形铁相同。

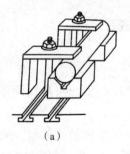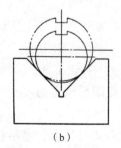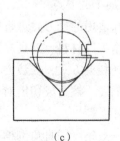

（a）　　　　　　　　　（b）　　　　　　　　　（c）

图3－32　用V形铁定位装夹轴类工件

（3）用轴用虎钳装夹轴类工件，如图3－33所示。装夹工件时，转动手柄1，可使钳口

3 和 6 绕销轴 2 和 7 转动，把工件 5 压紧在 V 形铁 8 上。轴向定位板 4 用于工件轴向定位。V 形铁可根据工件直径大小翻转调换。该虎钳可安装成水平或垂直位置，以便于在立式铣床和卧式铣床上采用指形铣刀和盘形铣刀铣削。这种方式的定位误差与 V 形铁定位误差相同。

（4）用定中心方法装夹轴类工件，如图 3-34 所示。用这种方法装夹轴类工件，工件的轴线与工作台面和进给方向平行，调整刀具与工件相对位置后，直角沟槽的对称度不受工件直径变动的影响，槽深尺寸与尺寸基准有关，其基准为工件轴线，不受直径变动影响；若基准是工件上下素线，则会受到影响。其中用三爪自定心卡盘和尾座顶尖装夹方式如图 3-34（a）所示；用两顶尖装夹方式如图 3-34（b）所示，装夹常被用在分度头上；用自定心虎钳装夹方式如图 3-34（c）所示。因两个钳口都是活动的，所以其定心精度比三爪自定心卡盘略差一些。

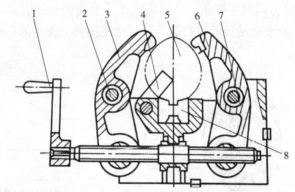

1—手柄；2，7—销轴；3，6—钳口；4—轴向定位板；5—工件；8—V 形铁。

图 3-33 用轴用虎钳装夹轴类工件

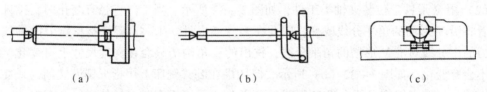

（a）　　　　　　　　　（b）　　　　　　　　　（c）

图 3-34 用定中心方法装夹轴类工件

（a）用三爪自定心卡盘和尾座顶尖装夹；（b）用两顶尖装夹；（c）用自定心虎钳装夹

3）铣削加工的要点

（1）选择适用的铣刀并进行安装。必要时需对刀具安装精度进行找正。

（2）根据工件材料、刀具参数选择、调整切削用量。

（3）选择装夹方式，安装夹具，装夹、找正工件。

（4）用划线、擦边或切痕对刀法，按图样给定的尺寸（或经过必要的换算）调整铣刀与工件的相对位置。

（5）对一般精度的直角沟槽在粗铣后进行检测，然后按图样尺寸做精铣调整，完工后进行检验。较高精度的直角沟槽，可分粗、半精、精铣加工达到图样尺寸。键槽的铣削因槽宽由铣刀直径尺寸精度保证，并且有较高的对称度要求，因此，一般情况下应一次成型。较大尺寸的键槽可以用小直径的铣刀先进行粗加工，然后根据图样尺寸选用铣刀精铣键槽。

3. 特形沟槽铣削加工方法

1）常用刀具

特形沟槽一般用刃口形状与沟槽形状相应的专用铣刀铣削加工，在单件生产时，也可采用通用铣刀做多次切削或用组合铣刀来铣削。

（1）铣削半圆键槽采用半圆键槽铣刀，铣刀的直径略大于半圆键槽的直径，如图3-35所示。半圆键槽的配合精度较高，因此半圆键槽铣刀的宽度也很精确。铣刀的端面带有中心孔，可在卧挂架上安装顶尖，顶住铣刀中心孔，以增加铣刀的刚性，同时可以减小铣削振动，提高铣削加工质量。

（2）铣削T形槽需选择直槽加工铣刀和T形底槽加工铣刀。直槽加工可选择键槽铣刀、立铣刀和三面刃铣刀；T形底槽选用专用的T形槽铣刀，通常有锥柄和直柄两种，如图3-36所示。T形槽铣刀的切削部分与盘形铣刀相似，又可分为直齿和交错齿两种。较小的T形槽铣刀，由于受T形槽直槽部分尺寸的限制，刀具柄部和刀头连接部分直径较小，因而刀具的刚度和强度均比较低。

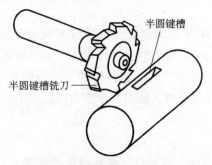

图3-35 半圆键槽铣刀与半圆键槽

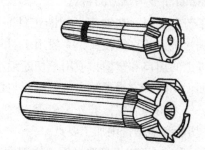

图3-36 T形槽铣刀

（3）铣削V形槽时，可使用单角度、双角度铣刀，也可将工件转动角度装夹后用三面刃铣刀、立铣刀和面铣刀等标准铣刀加工。

（4）铣削燕尾槽时，通常先用标准铣刀，如三面刃铣刀、面铣刀、立铣刀等加工直槽或凸台，然后使用燕尾槽专用铣刀铣削燕尾槽或燕尾块，如图3-37所示。

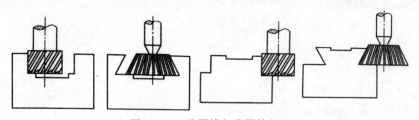

图3-37 燕尾槽与燕尾块加工

2）铣削要点

（1）T形槽的加工要点：T形槽铣削的步骤是先铣直槽，后铣底槽，最后铣削槽口倒角。加工中应注意合理选择T形刀的切削用量，保证切屑能通畅地排出，钢件应冲注足够的切削液。

（2）半圆键槽的加工要点：铣削半圆键槽时，用划线或切痕对刀法调整铣刀切削位置，以达到图样上键槽的对称度和圆弧中心至轴端基准的尺寸精度要求。铣削中心随着键槽深度的增加，切削量会越来越大，通常应采用手动进给。

（3）V形槽的加工要点：V形槽铣削时先铣出中间窄槽，然后铣削V形面。铣削V形面可采用角度铣刀，也可以将工件转动角度装夹或立铣头扳转角度后用标准铣刀加工。对于有较高工件外形对称度要求的V形槽，可以用工件翻转180°定位装夹的方法铣削V形面，以保证达到V形槽的对称度要求。

（4）燕尾槽和燕尾块的加工要点：带斜度燕尾铣削的步骤是先铣出直槽，然后铣削一侧带斜度的燕尾半槽，按槽宽（或键宽）尺寸调整工作台，铣削另一侧燕尾半槽。精度要求较高的燕尾槽应在加工过程中采用标准圆棒与内径千分尺配合测量的方法来控制燕尾的宽度尺寸。加工带斜度的燕尾配合件时，应按斜度要求找正工件的基准侧面与进给方向的夹角。夹角精度较高时，可采用正弦规、量块和百分表找正工件。

4. 工件切断与窄槽加工方法

1）切断和窄槽铣刀的特点

为了节省材料，在铣床上切断工件时通常采用薄片圆盘形的锯片铣刀或窄槽（切口）铣刀。锯片铣刀的直径较大，一般用于切断工件；窄槽铣刀的直径比较小，齿也较密，用于铣削工件上的切口和窄槽，或用于切断细小的或薄型的工件。这两种铣刀的结构基本相同，铣刀侧面无切削刃。为了减少铣刀侧面与切口之间的摩擦，铣刀的厚度自圆周向中心凸缘逐渐减薄，铣刀用钝后仅修磨外圆齿刃。

2）切断和窄槽铣削加工要点

（1）切断加工应正确选择锯片铣刀的直径和厚度，选择时可按下列算式确定。

选择铣刀外径的计算公式：

$$d_0 > 2t + d'$$

式中：d_0——铣刀直径（mm）；

t——工件厚度（mm）；

d'——刀杆垫圈外径（mm）。

选择铣刀厚度的计算公式：

$$L < \frac{B' - Bn}{n - 1}$$

式中：L——铣刀厚度（mm）；

B'——工件总长（mm）；

B——每件长度（mm）；

n——要切断的工件数。

（2）锯片铣刀的安装应尽量靠近铣床主轴，刀轴与铣刀之间不采用平键连接，并注意铣刀的端面圆跳动和径向圆跳动。

（3）切断加工时选择较小的切削用量，加工批量产品的切口时可选择较大的切削用量，以提高生产效率。

（4）为防止锯片铣刀折断、打碎，应在铣削中采取提高工件的装夹刚性、使锯片铣刀的外圆恰好与工件底面相切、不使用两侧刀尖磨损不均匀的铣刀等预防措施。

（5）批量生产铣削带有窄槽、切口的工件如图3-38所示。一般直径不大，常带有螺纹，因此，装夹时可根据零件形状，采用以下装夹方法。

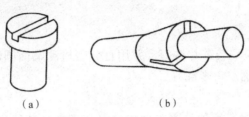

（a）   （b）

图3-38 带有窄槽、切口的工件

①用特制螺母装夹工件的方法，如图3-39（a）所示。先将螺母装夹在三爪自定心卡盘（或机用虎钳）内，再把螺钉旋紧在螺母内。加工时，当第一个螺钉铣准后，以后的工件加工尺寸是不变的。

②用对开螺母装夹工件的方法，如图3-39（b）所示。把螺钉放在对开螺母中，再用虎钳（或卡盘）把对开螺母夹紧。

③用带硬橡胶的V形钳口装夹工件的方法，如图3-39（c）所示。在机用虎钳上安装带有硬橡胶的V形钳口，把工件装夹在V形钳口内。这种方法比对开螺母更为简便。

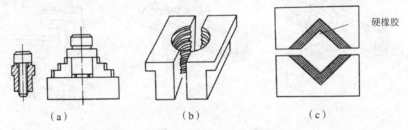

（a）   （b）   （c）

图3-39 常用装夹带螺纹工件的方法
（a）用特制螺母装夹；（b）用对开螺母装夹；（c）用带硬橡胶的V形钳口装夹

二、工作步骤

1. 任务分配

每人1件毛坯，按任务图纸要求及工艺要求进行V形槽的铣削加工，单件加工时间为150 min。

2. 任务实施

1）坯件检验

用千分尺检验预制件的平行度和尺寸，测得宽度的实际尺寸为50.08~50.12 mm。用90°角尺测量侧面与底面的垂直度，选择垂直度较好的侧面、底面作为定位基准。

2）安装、找正机用虎钳

将虎钳安装在工作台中间的T形槽内，位置居中，并用百分表找正，使固定钳口的定位面与工作台面纵向平行。

3）划线、装夹工件

在工件表面划直槽位置参照线。划线时，可将工件与划线平板贴合，划线尺高度为 $(50-3)/2=23.5$（mm），用翻身法划出两条参照线。装夹工件时，注意侧面、底面与虎钳定位面之间的清洁度。

4）安装铣刀

铣削中间窄槽时，应安装锯片铣刀，并用百分表检测端面圆跳动在 0.05 mm 以内；铣削 V 形槽时，应换装对称双角度铣刀。

5）铣削中间窄槽

（1）铣削中间窄槽时，按工件表面划出的对称槽宽参照线横向对刀的具体操作方法，与 T 形直槽的铣削方法相同。此处也可用换面对刀法对刀。具体操作是，工件第一次铣出切痕后，将工件回转180°，以另一侧面定位再次铣出切痕，目测两切痕是否重合，如有偏差，按偏差的一半微量调整工作台横向，直至两切痕重合。

（2）按垂向表面对刀的位置，垂向上升 17 mm 铣削中间窄槽。铣削时，由于深度余量比较大，应注意锁紧横向，并应用手动进给铣削。窄槽铣削完毕后，应用游标卡尺对槽深、槽宽、对称度进行预检。

6）铣削 V 形槽（图 3 - 40）

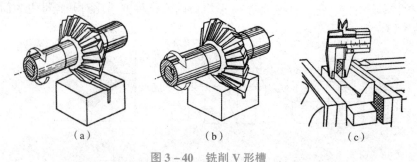

图 3 - 40　铣削 V 形槽

（a）槽口切痕对刀；（b）铣削 V 形示意；（c）初测对称度

（1）换刀：换装对称双角度铣刀时，在不影响横向移动的前提下，铣刀尽可能靠近机床主轴，以增强刀杆的刚度。

（2）对刀：对刀时，目测使铣刀刀尖处于窄槽中间，垂向上升，使铣刀在窄槽槽口铣出切痕；微量调整横向，使铣出的两切痕相等，此时窄槽已与双角度铣刀中间平面对称。同时，当铣刀锥面刃与槽口恰好接触时，可作为垂向对刀记号位置。

（3）计算 V 形槽深度：根据 V 形槽槽口的宽度尺寸 B 和槽形角 α，以及中间窄槽的宽度 b，计算 V 形槽的深度 H：

$$H = \frac{B-b}{2} \times \cot\frac{\alpha}{2} = \frac{30-3}{2} \times \cot\frac{90°}{2} = 13.5$$

（4）粗铣：根据垂向对刀记号，垂向余量13.5 mm 分 3 次粗铣，1 次精铣。余量分配为 6 mm、4 mm、2.5 mm、1 mm。粗铣 V 形槽时，在一次粗铣后，应用游标卡尺测量槽的对称度，如图 3 - 40（c）所示。

（5）预检：在第二次粗铣后，松夹取下工件，测量平板上预检槽的对称度，如图 3 - 41

所示。测量时应以工件的两个侧面为基准，在 V 形槽内放入标准圆棒，用百分表测出圆棒的最高点，然后将工件翻转180°，再用百分表测量圆棒最高点。若示值不一致，则按示值差的一半调整工作台横向进行试铣，直至符合对称度要求。

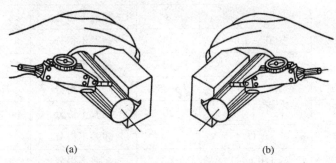

图 3 – 41　用百分表和标准圆棒测量 V 形槽的对称度

（6）精铣：调整好对称度，按精铣余量上升工作台，精铣 V 形槽，此时，主轴转速可提高一个挡次，进给速度降低一个挡次，以提高表面质量。

3. 质量检验分析——检验 V 形槽

（1）V 形槽对称度的检验：方法与预检方法相同，与侧面的平行度也可采用类似方法，只是测量点在标准圆棒的两端最高点。窄槽宽度、深度、V 形槽槽口宽度均用游标卡尺测量，表面粗糙度用目测比较检验。

（2）V 形槽槽形角的测量：如图 3 – 42（a）所示，可用游标万能角度尺测出半个槽形角为45°，然后用刀口形90°角度尺测量槽形角，如图 3 – 42（b）所示，用这种方法能测得槽形角度的对称性。

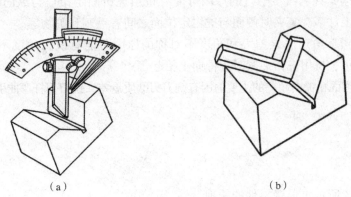

图 3 – 42　测量 V 形槽槽形角
（a）测量半个槽形角；（b）测量槽形角

3.3.4　项目总结

一、检测与反馈

V 形槽的评价标准，见表 3 – 9。

表 3 – 9 V 形槽的评价标准

序号	项目	精度要求	配分	评分标准	检测结果	分数
1	尺寸公差	30 ± 0.26	20	超差不得分		
2		3	8	超差不得分		
3		90° ± 10′	15	超差不得分		
4		17	12	超差不得分		
5	表面粗糙度	$\sqrt{}$ Ra 6.3（5 处）	5 × 5	降级不得分		
6	形位公差	═ 0.15 A	20	超差不得分		
7	数量	1 件		超差不得分		
8	时间	150 min		超差不得分		
9	安全文明生产	凡违反操作规程，损坏工具、量具、刃具等，酌情扣 3 ~ 10 分				
10	合计					

二、质量分析

（1）V 形槽槽口宽度尺寸超差的主要原因可能有工件上平面与工作台不平行、工件夹紧不牢固、铣削过程中工件底面基准脱离定位面等。

（2）V 形槽对称度超差的原因可能有双角度铣刀槽口对刀不准确、预检测量不准确、精铣时工件重新装夹有误差等。

（3）V 形槽与工件侧面不平行的原因可能有机用虎钳固定钳口与纵向不平行、铣削时虎钳微量位移、工件多次装夹时侧面与虎钳定位面之间有毛刺和脏物等。

（4）V 形槽槽形角角度误差大和角度不对称的原因可能有铣刀角度不准确或不对称、工件上平面未找正、机用虎钳夹紧时工件向上抬起等。

（5）V 形槽侧面粗糙度超差的主要原因有铣刀刃磨质量差、铣刀刀杆弯曲引起铣削振动等。

3.3.5 拓展案例

一、拓展练习

完成图 3 – 43 所示 T 形槽零件的铣削。

二、注意事项

1. 确定加工过程

根据图样精度要求，T 形槽宜在立式铣床上用立式铣刀铣削加工直槽，用 T 形铣刀加工 T 形底槽。T 形槽铣削加工工序过程为：坯件检验→安装、找正机用虎钳→工件表面划出直槽对刀线→装夹、找正工件→安装立铣刀→对刀、试切预检→铣削直槽→换装 T 形槽铣刀→垂向深度对刀→铣削底槽→铣削槽口倒角→质量检验。

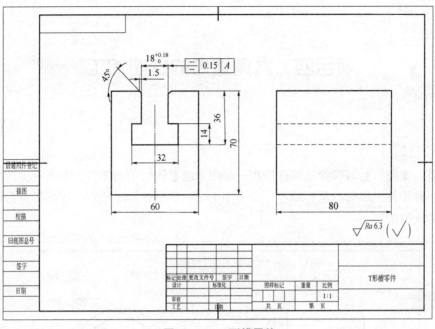

图 3-43 T形槽零件

2. 选择铣削用量

按工件材料（HT200）、铣刀规格和机床型号选择、计算和调整铣削用量。铣削直槽时，调整主轴转速为 $n = 250$ r/min，进给速度 $v_f = 30$ mm/min；铣削 T 形槽底槽时，因铣刀强度低、排屑困难而选用较低的调整铣削用量 $n = 118$ r/min，$v_f = 23.5$ mm/min；铣削倒角时，选用铣削用量 $n = 238$ r/min，$v_f = 47.5$ mm/min。

三、检测与反馈

T形槽的评价标准，见表 3-10。

表 3-10 T形槽的评价标准

序号	项目	精度要求	配分	评分标准	检测结果	分数
1	尺寸公差	$18^{+0.18}_{0}$	15	超差不得分		
2		36（2 处）	2×10	超差不得分		
3		32	8	超差不得分		
4		14	8	超差不得分		
5		45°	9	降级不得分		
6	形位公差	⟂ 0.15 A	16	超差不得分		
7	表面粗糙度	$\sqrt{Ra\,6.3}$（8 处）	3×8	超差不得分		
8	安全文明生产	凡违反操作规程，损坏工具、量具、刃具等，酌情扣 3～10 分				
9	合计					

项目四　六角螺母的铣削加工

3.4.1　项目提出

螺母就是螺帽，是与螺栓或螺杆拧在一起用来起紧固作用的零件，是所有生产制造机械必须用的一种元件，那么六角螺母应该如何加工呢？如图 3-44 所示，以此任务为例，练习六角螺母的铣削加工。

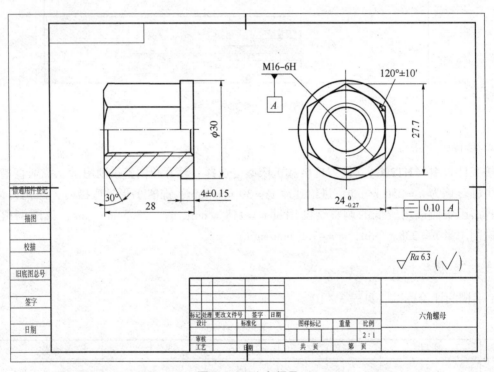

图 3-44　六角螺母

3.4.2　项目分析

要完成图 3-44 所示六角螺母零件加工，需按以下步骤进行工艺准备。

1. 分析图样

1）加工精度分析

（1）六角螺母的平行对边距离 $24_{-0.27}^{0}$ mm，外切圆直径 $\phi30$ mm，深 4 mm，夹角为 $120°\pm10'$。

（2）六角螺母的对边（三处）对零件的对称中心平面的对称度公差为 0.10 mm。

（3）毛坯为 $\phi30$ mm 的圆柱形工件。

2）表面粗糙度分析

六角螺母加工表面粗糙度值均为 Ra 6.3 μm，铣削加工比较容易达到要求。

3）材料分析

工件材料为 45 钢，与 HT200 相比，其硬度较高。

4）形状分析

圆柱形工件，便于装夹。

2. 选择铣床

选用 X6132 型卧式万能升降台铣床。

3. 选择装夹方式

选用分度盘装夹工件。工件轴线和端面作为定位基准。

4. 选择刀具

根据图样给定的六角螺母的基本尺寸，选择直径为 100 mm、宽度为 12 mm 的三面刃铣刀。

5. 确定加工过程

根据图样精度要求，六角螺母可在立式铣床上用锥柄立铣刀铣削加工，也可在卧式铣床上用三面刃铣刀铣削加工。现选择在卧式铣床上铣削，六角螺母加工过程为：坯件检验→装夹找正工件→安装三面刃铣刀→侧面对刀、试切预检→调整铣削深度→长度对刀→铣削六角螺母→质量检验。

6. 选择铣削用量

铣削用量：取 $n = 95$ r/min，$v_f = 60$ mm/min。

7. 选择检测方法

量具：0~150 mm 游标卡尺。

3.4.3　项目实施

一、相关知识

1. 分度头的使用及安装工件的方法

1）分度头的种类

分度头是铣床的附件之一，如图 3-45 所示。许多机械零件（如花键轴、牙嵌离合器、齿轮等）在铣削时，需要利用分度头进行圆周分度，才能铣出等分的齿槽。在铣床上使用的分度头有万能分度头、半万能分度头和等分分度头三种。目前常用的万能分度头型号有 F11100A、F11125A、F11160A 等。

2）万能分度头的主要功用

（1）能够将工件做任意的圆周等分，或通过交换齿轮做直线移距分度。

（2）能在 −6°~90° 的范围内，将工件轴线装夹成水平、垂直或倾斜的位置。

（3）能通过交换齿轮，使工件随分度头主轴旋转和工作台直线进给，实现等速螺旋运动，用以铣削螺旋面和等速凸轮的型面。

图3-45 万能分度头

3）F11125A 型万能分度头的外形结构与传动系统

F11125A 型万能分度头在铣床上较常使用，其主要结构和传动系统如图3-46所示。

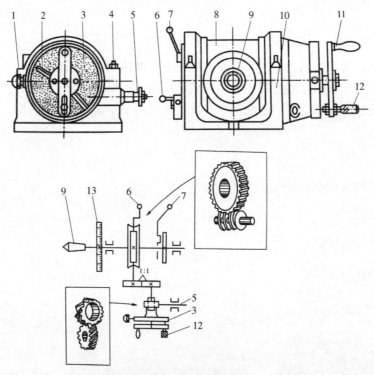

1—孔盘紧固螺钉；2—分度叉；3—孔盘；4—螺母；5—交换齿轮轴；6—蜗杆脱落手柄；7—主轴锁紧手柄；
8—回转体；9—主轴；10—基座；11—分度手柄；12—分度定位销；13—刻度盘。

图3-46 万能分度头的结构和传动系统

分度头主轴 9 是空心的，两端均为莫氏 4 号内锥孔，前端锥孔用于安装顶尖或锥柄心轴，后端锥孔用于安装交换齿轮轴，作为差动分度、直线移距及加工小导程螺旋面时安装交换齿轮之用。主轴的前端有一段定位锥体，用于三爪自定心卡盘连接盘的安装定位。

装有分度蜗轮的主轴安装在回转体 8 内，可随回转体在分度头基座 10 的环形导轨内转动。因此，主轴除安装成水平位置外，还可在 −6°~90°范围内任意倾斜，调整角度前应松开基座上部靠主轴后端的两个螺母4，调整之后再予以紧固。主轴的前端固定着刻度盘13，可与主轴一起转动。刻度盘上有 0°~360°的刻度，可作分度之用。

孔盘（又称分度盘）3 上有数圈在圆周上均布的定位孔，在孔盘的左侧有一孔盘紧固螺钉1，用以紧固孔盘，或微量调整孔盘。在分度头的左侧有两个手柄：一个是主轴锁紧手柄7，在分度时应先松开，分度完毕后再锁紧；另一个是蜗杆脱落手柄6，它可使蜗杆和蜗轮脱开或啮合。蜗杆和蜗轮的啮合间隙可用偏心套调整。

在分度头右侧有一个分度手柄11，转动分度手柄时，通过一对传动比为1∶1的斜齿圆柱齿轮及一对传动比为1∶40的蜗杆副使主轴旋转。此外，分度盘右侧还有一根安装交换齿轮用的交换齿轮轴5，它通过一对传动比为1∶1的交错轴斜齿轮副和空套在分度手柄轴上的分度盘相联系。

分度头基座10下面的槽里装有两块定位键。可与铣床工作台面的T形槽直槽相配合，以便在安装分度头时，使主轴轴线准确地平行于工作台的纵向进给方向。

4）万能分度的附件

（1）孔盘：F11125A 型万能分度头备有两块孔盘，正面、反面都有数圈均布的孔圈。使用孔盘可以解决分度手柄不是整转数的分度，进行一般的分度操作。常用孔盘孔圈数见表3–11。

表3–11 常用孔盘孔圈数

盘面块	孔圈数
第一块盘	正面：24、25、28、30、34、37、38、39、41、42、43； 反面：46、47、49、51、53、54、57、58、59、62、66
第二块盘	第一块正面：24、25、28、30、34、37； 反面：38、39、41、42、43； 第二块正面：46、47、49、51、53、54； 反面：57、58、59、62、66

（2）分度叉：在分度时，为了避免每分度一次都要计孔数，可利用分度叉来计数，如图3–47所示。

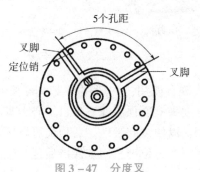

图3–47 分度叉

松开分度叉紧固螺钉，可任意调整两叉之间的孔数，为了防止分度手柄带动分度叉转动，可用弹簧片将它压紧在孔盘上。分度叉两叉之间的实际孔数，应比所需的孔距数多一个孔，因为第一个孔是做起始孔而不计数的。图 3-47 所示的就是每分度一次摇过 5 个孔距的情况。

（3）前顶尖、拨盘和鸡心夹头：前顶尖、拨盘和鸡心夹头如图 3-48 所示，是用作支承和装夹较长工件的。使用时，先卸下三爪自定心卡盘，将带有拨盘的前顶尖［图 3-48（a）］插入分度头主轴锥孔中；图 3-48（b）所示为拨盘，用来带动鸡心夹头和工件随分度头主轴一起转动；图 3-48（c）所示为鸡心夹头，工件可插在孔中用螺钉紧固。

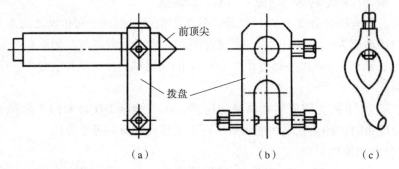

图 3-48　前顶尖、拨盘和鸡心夹头

（a）前顶尖；（b）拨盘；（c）鸡心夹头

（4）三爪自定心卡盘的结构：三爪自定心卡盘如图 3-49 所示。它通过连接盘安装在分度头主轴上，用来装夹工件。当扳手方榫插入小锥齿轮 2 的方孔 1 内转动时，小锥齿轮就带动大锥齿轮 3 转动。大锥齿轮的背面有平面螺纹 4，与 3 个卡爪 5 上的牙齿啮合，因此当平面螺纹转动时，3 个卡爪就能同步进行移动。

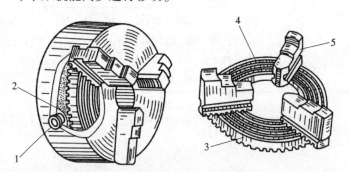

1—方孔；2—小锥齿轮；3—大锥齿轮；4—平面螺纹；5—卡爪。

图 3-49　三爪自定心卡盘

（5）尾座：尾座与分度头联合使用，一般用来支承较长的工件，如图 3-50 所示。在尾座上有一个顶尖，和装在分度头上前顶尖或三爪自定心卡盘一起支承工件或心轴。转动尾座手轮，可使后顶尖进出移动，以便装卸工件。后顶尖可以倾斜一个不大的角度，同时顶尖的高低也可以调整。尾座下有两个定位键，用来保持后顶尖轴线与纵向进给方向一致，并和分度头轴线在同一直线上。

（6）千斤顶：为了使细长轴在加工时不发生弯曲颤动，在工件下面可以支承千斤顶，千斤顶的结构如图 3-51 所示。转动螺母 2 可使螺杆 1 上下移动。锁紧螺钉 4 是用来紧固螺杆的。千斤顶座 3 具有较大的支承底面，可以保持千斤顶的稳定性。

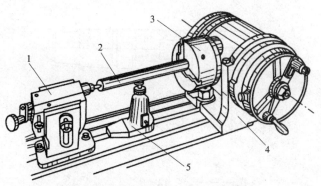

1—尾座；2—工件；3—三爪自定心卡盘；4—分度头；5—千斤顶。

图3-50 分度头及其附件装夹工件的方法

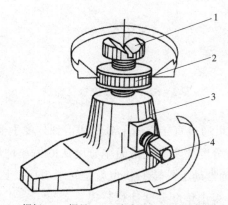

1—螺杆；2—螺母；3—千斤顶座；4—锁紧螺钉。

图3-51 千斤顶

（7）交换齿轮轴、交换齿轮架和交换齿轮。

①交换齿轮轴。装入分度头主轴孔内的交换齿轮轴如图3-52（a）所示，装在交换齿轮架上的齿轮轴如图3-52（b）所示。

②交换齿轮架。安装于分度头侧轴上，用于安装交换齿轮轴及交换齿轮。

③交换齿轮。分度头上的交换齿轮，用来做直线移距、差动分度及铣削螺旋槽等工件。F11125A型万能分度头有一套5的倍数的交换齿轮，即齿数分别为25、25、30、35、40、50、55、60、70、80、90、100，共12只齿轮。

5）分度方法与计算

（1）简单分度法：简单分度法是分度最常用的一种方法。分度时，先将分度盘固定，转动手柄使蜗杆带动蜗轮旋转，从而带动主轴和工件转过所需的度数。由分度头的传动系统可知，分度手柄转数 n 和工件圆周等分数关系如下：

$$n = \frac{40}{z}$$

式中：n——分度手柄转数（r）；

z——工件圆周等分数（mm）；

40——分度头定数。

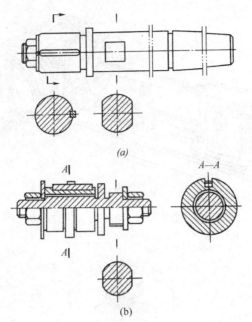

图 3 – 52　分度头交换齿轮轴

为简化计算，简单分度可通过直接查简单分度表得到分度手柄转数。

（2）角度分度法：角度分度法实质上是简单分度法的另一种形式。从分度头结构可知，分度手柄摇 40r，分度头主轴带动工件转 1r，也就是转了 360°。因此，分度手柄转 1r，工件转过 9°，根据这一关系，可得出角度分度计算公式

$$\alpha = \frac{\theta°}{9°}$$

$$\alpha = \frac{\theta'}{540'}$$

式中：α——工件所需转过的角度 [（°）或（′）]。

（3）差动分度法：这个方法比较复杂，考虑到学生的学习范围，这里就不详细介绍了。

2. 回转工作台及功用

1）回转工作台的种类

回转工作台简称转台，其主要功用是铣削圆弧曲线外形、平面螺旋槽和分度。回转工作台有机动回转工作台、手动回转工作台、立卧回转工作台、可倾回转工作台和万能回转工作台等多种类型。常用的是立轴式手动回转工作台（图 3 – 53）和立轴式机动回转工作台（图 3 – 54）。常用手动回转工作台的型号有 T12160、T12200、T12250、T12400、T12500 等，机动回转工作台型号有 T11160。

2）回转工作台的外形结构和传动系统

图 3 – 53 中，回转工作台 5 的台面上有数条 T 形槽，供装夹工件和辅助夹具穿装 T 形螺栓用，工作台的回转轴上端有定位圆台阶孔和锥孔 6，工作台的周边有 360° 的刻度圈 7，在底座 4 前面有零线刻度，供操作时观察工作台的回转角度。

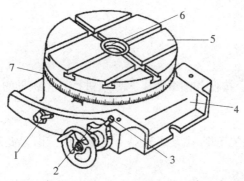

1—锁紧手柄；2—偏心套锁紧螺钉；3—偏心销；4—底座；5—回转工作台；
6—定位圆台阶孔和锥孔；7—刻度圈。

图 3 – 53　立轴式手动回转工作台

　　底座前面左侧的锁紧手柄 1，可锁紧或松开回转工作台。使用机床工作台做直线进给铣削时，应锁紧回转工作台；使用回转工作台做圆周进给进行铣削或分度时，应松开回转工作台。

　　底座前面右侧的手轮与蜗杆同轴连接，转动手轮使蜗杆旋转，从而带动与回转工作台主轴连接的蜗轮旋转，以实现装夹在工作台上的工件做圆周进给和分度运动。手轮轴上装有刻度盘，若蜗轮是 90 齿，则刻度盘一周为 4°，每格的示值为 $4°/n$，n 为刻度盘的刻度格数。

　　图 3 – 54 中，机动回转工作台与手动回转工作台的结构基本相同，主要区别是机动回转工作台能利用万向联轴器 5，由机床传动装置通过传动齿轮箱 6 带动传动轴使转台旋转，不需要机动时，将离合器手柄 2 置于中间位置，直接转动手轮做手动操作。做机动操作时，逆时针扳动或顺时针扳动离合器手柄，可使回转工作台获得正、反方向的机动旋转。在回转工作台的圆周中部圈槽内装有机动挡铁 7，调节挡铁的位置，可推动离合器手柄拨块 4，使机动旋转自动停止，用以控制圆周进给的角位移行程位置。

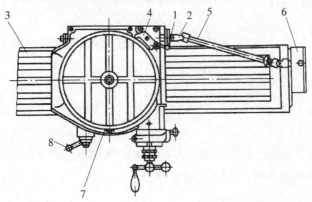

1—传动轴；2—离合器手柄；3—机床工作台；4—离合器手柄拨块；5—万向联轴器；
6—传动齿轮箱；7—挡铁；8—锁紧手柄。

图 3 – 54　立轴式机动回转工作台

二、工作步骤

1. 任务分配

每人 5 件螺母的坯料，按任务图纸及工艺要求进行六角螺母的铣削加工。

2. 任务实施

1）确定该工件在 X6132 型卧式万能升降台铣床上用三面刃铣刀加工

操作步骤如下：

（1）铣刀的选择与安装。根据图样要求，铣削长度为 24 mm，因此选用 $\phi100$ mm × 12 mm 直齿三面刃铣刀，并安装在铣刀杆的中间位置上，铣刀顺时针方向旋转。

（2）调整铣削用量。调整主轴转速 $n = 75$ r/min（$v_c \approx 23$ m/min），进给速度 $v_f = 95$ mm/min。

（3）工件的装夹与找正。将分度头水平安放在工作台中间 T 形槽偏右端，校正方法与三爪自定心卡盘夹持圆棒相同。将带有螺纹的专用心轴装夹在三爪自定心卡盘上，校正心轴的同轴度为 $\phi0.05$ mm（图 3–55），然后将工件用管钳扳紧在心轴上。

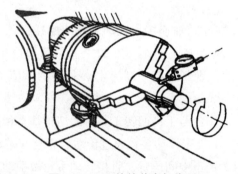

图 3–55　工件的装夹与找正

（4）分度计算及分度定位销和分度叉的调整。

①根据简单分度公式计算分度。即每铣完一面后，分度手柄应在 66 孔圈上转过 6r 又 44 个孔距。

②调整分度定位销和分度叉。将分度定位销调整到 66 孔圈的位置上，调整分度脚间为 45 个孔。

（5）铣削步骤。

①调整铣刀位置。铣削时为了使工件上受的铣力与工件旋转方向一致，铣刀应调整在工件的外侧面。

②侧面对刀。在工件侧面贴一薄纸，开动机床，摇动纵向和垂向手柄，使铣刀处于铣削位置，然后缓缓摇动横向手柄，使薄纸刚好擦去，如图 3–56（a）所示。在横向刻度盘上做标记，降下工作台。

③根据标记调整侧面铣削深度，工作台横向移动量 S 为：

$$S = (30 \text{ mm} - 24 \text{ mm}) \div 2 = 3 \text{ mm}$$

摇进 2.5 mm（留 0.5 mm 待粗铣后调整），并紧固横向溜板，如图 3–55（b）所示。

④铣削长度对刀。在工件端面贴一薄纸，摇动纵向进给手柄，使工件离开铣刀垂直上升到刀杆中心位置，开动机床，缓缓摇动纵向进给手柄，使铣刀刚好擦到薄纸，如图 3 – 56 (c) 所示。再在纵向刻度盘上做标记，降下工作台。

⑤根据标记调整铣削长度。工作台纵向移动 16 mm（留 0.5 mm 精铣余量），如图 3 – 56 (d) 所示。将工作台纵向进给机构紧固。

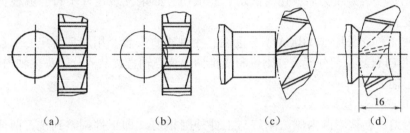

16

(a)　　　　　　(b)　　　　　　(c)　　　　　　(d)

图 3 – 56　铣六角形零件的对刀步骤

⑥铣削。调整好铣削层深度和长度后，将横向、纵向进给机构紧固，垂向机动进给。铣完一面后，分度手柄在 66 孔圈上转过 20r，铣出对应面，经测量后再进行调整。每铣完一面后，分度手柄在 66 孔圈上转过 6r 又 44 个孔距，依次铣完六面，如图 3 – 57 所示。

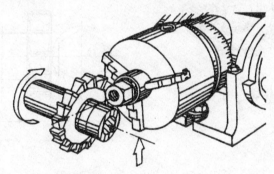

图 3 – 57　在卧式铣床上用三面刃铣刀铣削六角螺母

(6) 检测。用千分尺测量六角螺母对边尺寸为 $24_{-0.27}^{\ 0}$ mm，用游标卡尺测量台阶尺寸为 4 mm ± 0.15 mm，用游标万能角度尺测量 120° ± 10′。

2）在立式铣床上铣削六角螺母：

现确定该工件在 X5032 型立式铣床上用锥柄立铣刀加工，操作步骤如下：

(1) 铣刀的选择与安装。根据图样要求铣削宽度为 24 mm，选用 30 mm 锥柄立铣刀，用变径套将立铣刀安装于立铣头主轴内锥孔，并用拉紧螺杆拉紧。调整主轴转速 $n = 190$ r/min（$v_c \approx 17$ m/min），进给速度 $v_f = 47.5$ mm/min。

(2) 装夹与找正工件。分度计算及分度定位销、分度叉的调整均与在卧式铣床上铣削六角螺母相同。

(3) 铣削步骤。除与在卧式铣床上铣削六角螺母的铣削步骤相同外，垂向控制 $24_{-0.27}^{\ 0}$ mm 对边尺寸，纵向控制 4 mm ± 0.15 mm 台阶尺寸，工作台横向进给铣削。

3）在卧式铣床上组合铣削加工六角螺母

铣削数量较多的六角螺母，可采用两把三面刃铣刀在卧式铣床上组合铣削，以保证产品质量和提高工效。现以图 3 – 44 所示工件为例，介绍组合铣削加工六角螺母的操作方法。

（1）选择铣刀。因铣削长度为 24 mm，选用直径完全相同的两把 $\phi100$ mm × 12 mm 直齿三面刃铣刀。

（2）安装刀具。调整好两切削刃间的距离后安装，调整和安装方法与组合铣削加工台阶的刀具安装方法相同。

（3）试切。安装好铣刀后，还需试切。经试切，如果发现尺寸不符，就根据实际尺寸调整垫圈厚度。

（4）装夹工件。采用 F11100A 型分度头，主轴垂直安置。用三爪自定心卡盘夹持专用心轴（若采用 F11125A 型分度头，则可制成锥柄螺纹心轴直接装入分度头主轴内锥孔），将工件装夹在心轴上。

（5）对刀。

①目测对刀。使铣刀两内侧刃刚好与工件外圆相切（即工件调整到铣刀两侧刃中间位置），开动机床，试切，观察外圆上是否同时切出刀痕，如图 3 – 58（a）所示。如切痕大小不一致，则向切痕小的一侧横向移动工作台。

②擦表面对刀。使铣刀外侧刃与工件外圆相接触，工作台横向移动一段距离（S），如图 3 – 58（b）所示。

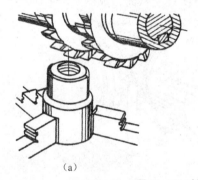

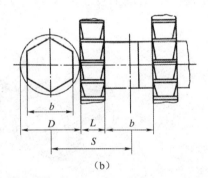

（a）   （b）

图 3 – 58　铣削六角螺母时的对刀

$$S = \frac{D}{2} + \frac{b}{2} + L = \frac{30}{2} + \frac{24}{2} + 12 = 39 \ （mm）$$

对刀后，调整铣削层深度约 1 mm，试切出 1 mm 深的对边，然后将工件转过 180°，纵向移动工作台，再次切削，观察两次的切痕是否重合，根据切痕偏差值的 1/2 横向调整工作台。

（6）铣削。对刀后，调整好铣削层深度即可铣削，一次铣完后，分度手柄在 66 孔圈上摇过 6 r 又 44 个孔距，依次铣削三次，如图 3 – 59 所示。

3.4.4　项目总结

一、检测与反馈

六角螺母的加工评价标准如表 3 – 12 所示。

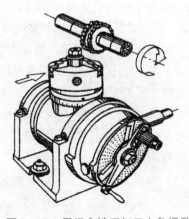

图 3 – 59　用组合铣刀加工六角螺母

表 3 – 12　六角螺母的评价标准

序号	项目	精度要求	配分	评分标准	检测结果	分数
1	尺寸公差	$3 \times 24_{-0.27}^{0}$	20	超差不得分		
2		4 ± 0.15	8	超差不得分		
3		$120° \pm 10'$	15	超差不得分		
4		$30°$	12	超差不得分		
5	表面粗糙度	$\sqrt{Ra\,6.3}$ （6 处）	5×5	降级不得分		
6	形位公差	⌖ 0.10 A	20	超差不得分		
7	数量	1 件		超差不得分		
8	时间	150 min		超差不得分		
9	安全文明生产	凡违反操作规程，损坏工具、量具、刃具等，酌情扣 3 ~ 10 分				
10	合计					

二、注意事项

（1）分度手柄一般应顺时针转，如果转过了定位孔，应在消除间隙后重新分度。

（2）用高速钢刀具铣削钢件时，应加切削液。

（3）防止夹伤工件。

3.4.5　拓展案例

一、拓展练习

根据要求，完成图 3 – 60 所示六角块的铣削。

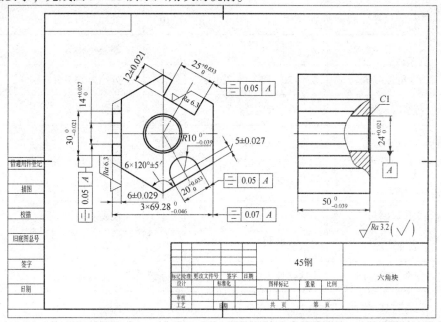

图 3 – 60　六角块

二、注意事项

（1） R 槽要选用合适的成形铣刀。

（2） 工件侧面与工作台纵向不平行，工作台调整数据计算错误，都会造成台阶宽度与外形的对称度超差。

（3） 铣刀直径太大，工作时向不受力的一侧偏让，会导致台阶侧面的平行度误差。

（4） 要时刻关注铣刀刃磨质量差和过早磨损，避免表面粗糙度达不到图纸要求。

三、检测与反馈

六角块的评分标准，见表 3 – 13。

表 3 – 13　六角块的评分标准

序号	项目		精度要求	配分	评分标准	检测结果	得分
1	六角形	孔径尺寸	$24^{+0.021}_{0}$	10	超差不得分		
2		对边尺寸	$3 \times 69.28^{0}_{-0.046}$	12	一处超差扣 4 分		
3		形位公差	⎓ 0.07 A	6	一处超差扣 2 分		
4	直槽	尺寸公差	$25^{+0.033}_{0}$	6	超差不得分		
5		形位公差	⎓ 0.05 A	5	超差不得分		
6	台阶槽	尺寸公差	$14^{+0.027}_{0}$, $30^{0}_{-0.021}$	10	一处超差扣 5 分		
7		形位公差	⎓ 0.05 A	5	超差不得分		
8	R 槽	尺寸公差	$R10^{0}_{-0.039}$, $20^{+0.033}_{0}$	10	一处超差扣 5 分		
9		形位公差	⎓ 0.05 A	5	超差不得分		
10	六角外形角		$120° \pm 5'$（6 处）	8	一处超差扣 1 分		
11	厚度尺寸		$50^{0}_{-0.039}$	2	超差不得分		
12	槽深尺寸		6 ± 0.029 , 5 ± 0.027 , 12 ± 0.021	9	一处超差扣 2 分		
13	孔口倒角		$C1$	2	超差不得分		
14	表面粗糙度		$\sqrt{Ra\,3.2}$, $\sqrt{Ra\,6.3}$	10	一处超差扣 1 分		
15	安全文明生产		按达到规定的标准程度评定，违反有关规定扣 1 ~ 7 分				
16	合计						

项目五 轴上键槽的铣削加工

3.5.1 项目提出

本项目主要学习封闭键槽和半圆键槽的铣削。通过本项目的学习和训练，能够完成图 3 – 61 所示零件的铣削加工。

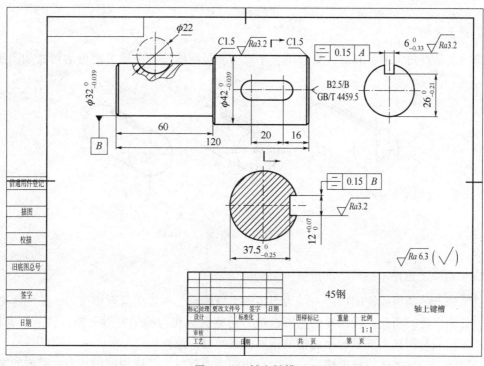

图 3 – 61 轴上键槽

3.5.2 项目分析

一、封闭键槽的工艺分析

（1）键槽的宽度尺寸为 $12_{0}^{+0.07}$ mm，深度尺寸标注为槽底至工件外圆的尺寸 $37.5_{-0.25}^{0}$ mm，键槽的长度为 20 + 12 = 32（mm）。

（2）键槽对工件轴线的对称度公差为 0.15 mm。

（3）预制件为 $\phi32$ mm、$\phi42$ mm 的阶梯轴，总长尺寸为 120 mm。

（4）键槽侧面表面粗糙度值为 Ra 3.2 μm，其余为 Ra 6.3 μm，铣削加工能达到要求。

（5）预制件的材料为 45 钢，其切削性能较好。

二、半圆键槽的工艺分析

（1）半圆键槽的宽度为 $6_{-0.33}^{0}$ mm，键槽的深度尺寸为 $26_{-0.21}^{0}$ mm，半圆键槽中心与轴端的距离为 20 mm。

（2）半圆键槽对轴中心的对称度公差为 0.15 mm。

（3）半圆键槽的表面粗糙度为 Ra 3.2 μm。

3.5.3 项目实施

一、相关知识

1. 轴上键槽

键槽也是直角沟槽，其形式有通槽、半通槽和封闭槽三种，轴上键槽的形式如图 3 − 62 所示。

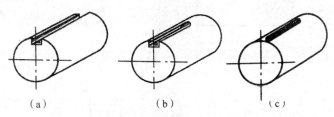

图 3 − 62　轴上键槽的形式
（a）通槽；（b）半通槽；（c）封闭槽

2. 铣削轴上键槽用铣刀及其选择

铣削轴上的通槽或铣削槽底一端为圆弧的半通槽时，一般用盘形槽铣刀。槽的宽度由铣刀的宽度来保证。因此，所选择的盘形槽铣刀的宽度应和沟槽的宽度一致。铣削半通槽时，铣刀的半径应与图样上规定的半通槽的槽底圆弧半径一致。

铣削轴上的封闭槽或铣削槽底一端为直角的半通槽时，一般用键槽铣刀。键槽的宽度由铣刀的直径来保证。因此，铣刀的直径应与键槽的宽度一致。

铣削精度要求较高的键槽时，要在选好铣刀后经过试切检查，键槽的宽度尺寸符合图样规定要求，才可加工工件。试切时槽宽尺寸大，若刀具圆跳动合格，可适当用油石修整刀具刃口，使铣出的槽宽合乎要求。

3. 用键槽铣刀铣削轴上键槽

用机用平口钳装夹工件，如图 3 − 63 所示。

1）机用平口钳的安装和工件的找正

用机用平口钳装夹工件时，应找正固定钳口并与铣床主轴轴线垂直。安装工件后，用划针找正工件上素线并与工作台台面平行。保证铣出的键槽两侧面和键槽底面与工件的轴线平行。

2）对中心的方法

铣削轴上键槽时，应使键槽铣刀的回转中心线通过工件轴线。常用对中心的方法有以下三种：

（1）切痕对中心法。安装并且找正工件后，适当调整机床，使键槽铣刀大致对准工件的中心。然后，开动机床使铣刀旋转，让铣刀轻轻划着工件，并在工件上逐渐铣出一个宽度约等于铣刀直径的小平面，如图 3 - 64 所示。用肉眼观察，使铣刀的中心落在平面宽度中心上，再上升垂向进给，在平面两边铣出两个小台阶，横向调整工作台并且使两边台阶高度一致，这就表明铣刀中心通过了工件中心，如图 3 - 65 所示；最后将横向进给机构紧固。

图 3 - 63　铣削轴上键槽

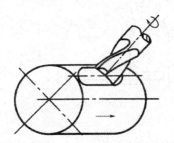

图 3 - 64　切痕对中

（2）用游标卡尺测量对中心。安装并且找正工件后，用钻夹头夹持与键槽铣刀直径相同的圆棒。适当调整工件与圆棒的相对正确位置，用游标卡尺测量圆棒圆周面与两钳口间的距离，若 $a = a'$，则对好了中心，如图 3 - 66 所示。中心对好后，将横向工作台紧固，试铣，检查无误后，开始加工工件。

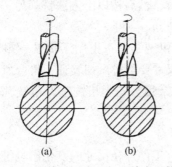

图 3 - 65　键槽铣刀中心与工件中心的关系

（a）两边台阶一致；（b）两边台阶不一致

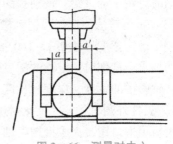

图 3 - 66　测量对中心

（3）用杠杆式百分表测量对中心。加工精度要求较高的轴上键槽时，可用杠杆式百分表测量对中心。对中心时，先把工件轻轻用力夹紧在两钳口间，把杠杆式百分表固定在立铣头主轴的下端，用手转动主轴，并且适当调整横向工作台，百分表的读数在钳口两内侧面一致，如图 3 - 67 所示。中心对准后，将横向进给机构紧固，再加工工件。

3）铣键槽的方法

（1）分层铣削法。安装好铣刀后，先在废料上试铣，检查所铣键槽的宽度尺寸是否符合图样要求。若完全符合图样要求，则可对工件进行铣削。先在工件上划出键槽的长度尺寸位置线，再安装找正工件，并且对中心。铣削时，根据铣刀直径的大小，每次背吃刀量分别选择在 0.15 ~ 1 mm，键槽的两端各留 0.5 mm 的余量，手动进给由键槽的一端向另一端。然后，以较快的速度手动将工件退至原位，再进给，仍由原来一端铣向另一端。逐次铣削到键槽要求的深度和长度，如图 3 - 68 所示。这种方法适用于加工长度较短、生产数量不多的键槽。

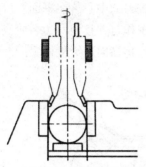

图 3 - 67 用杠杆式百分表测量对中心

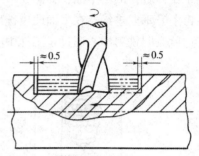

图 3 - 68 分层铣削

（2）扩刀铣削法。将选择的键槽铣刀外径磨小 0.3～0.5 mm（磨出的铣刀要保证其圆柱度要求）。在工件上划出键槽的长度尺寸位置线。安装校正工件后，对好中心，记住横向刻度盘的数值，将横向进给机构锁紧，在键槽的两端各留 0.5 mm 余量，分层往复进给铣出槽的深度。深度铣好后，再测量槽的宽度尺寸，确定宽度余量的大小，由键槽的中心对称扩铣键槽两侧到要求的尺寸，并铣够键槽的长度，如图 3 - 69 所示。铣削时注意保持键槽两端圆弧的圆度。

铣削完毕后，将横向工作台调至原来的中心位置，然后按以上方法铣削另一件。铣削短的键槽时可用手动进给；铣削长的键槽时可用机动进给。

（3）粗精铣法。选择两把键槽铣刀，一把用于粗铣，另一把用于精铣。粗铣铣刀的直径要小于键槽宽度尺寸 0.3～1.0 mm，精铣铣刀的尺寸要经过试切验证，符合所铣键槽宽度尺寸的要求。铣削时，键槽的深度留 0.1～0.2 mm 余量。先用粗铣铣刀粗铣，再换上精铣铣刀，铣够槽的宽度、深度和长度。

4）工件外圆直径尺寸变化对键槽中心位置的影响

用机用平口钳装夹成批加工轴上键槽的工件时，工件外径尺寸的变化影响键槽的中心位置，如图 3 - 70 所示。

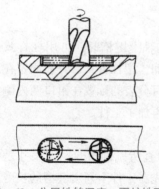

图 3 - 69 分层铣够深度，再扩铣两侧

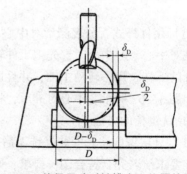

图 3 - 70 外径尺寸对键槽中心位置的影响

例： 在一批 $\phi 50^{+0.5}_{+0.2}$ mm 的轴上铣削 $12^{+0.033}_{0}$ mm 宽的键槽。因为工件外圆直径存在制造公差，当工件为最大尺寸 $\phi 50.5$ mm 和最小尺寸 $\phi 50.2$ mm 时，键槽的中心位置偏移 0.15 mm，

因此,成批加工轴上键槽时,应先测量工件的外径尺寸,按工件尺寸公差接近的状况分组,再适当按组调整刀具和工件的相对位置,加工出所有零件,从而避免工件外圆直径的制造公差使键槽两侧与工件轴线的对称度超差。

4. 用 V 形铁装夹工件铣削轴上键槽

用 V 形铁装夹工件铣削轴上键槽时,应选择两块等高的 V 形铁,由压板和螺栓配合将工件夹紧,如图 3-71 所示。

1）V 形铁的安装和找正

用底面上带凸键的 V 形铁装夹工件时,将两块 V 形铁的凸键置入工作台中央 T 形槽内,靠 T 形槽侧面定位安装 V 形铁。用一般的 V 形铁装夹工件时可在 T 形槽内安放定位块,使 V 形铁的侧面靠在定位块的侧定位面上安装 V 形铁,如图 3-72 所示。

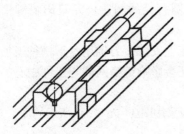

图 3-71 用 V 形铁装夹工件铣削轴上键槽

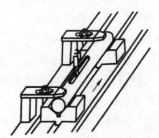

图 3-72 用定位块定位安装 V 形铁

安装好 V 形铁后,选择标准的圆棒或经检测的直径公差符合要求的工件,放入两个 V 形铁的 V 形面内,用百分表找正圆棒或工件的上素线与工作台台面平行;再找正圆棒或工件的侧素线与工作台纵向进给方向平行,如图 3-73 所示。这样可保证用 V 形铁定位安装的工件铣出的键槽两侧或槽底与工件轴线平行。

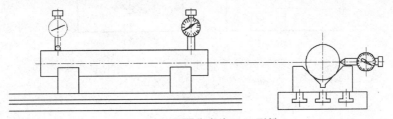

图 3-73 用百分表找正 V 形铁

2）对中心的方法

除采用前面所讲的切痕对中心方法外,还可以采用以下两种方法:

（1）按工件的侧素线调整铣刀和工件的中心位置。工件安装后,使铣刀处于工件的侧素线处,用手转动铣刀,让铣刀的圆周刃刚刚划着工件的侧素线。降落工作台,将横向工作台向着铣刀的方向移动一个铣刀半径和工件半径之和的距离 A,对好中心,如图 3-74 所示。然后,将横向进给机构锁紧。移动横向进给时,应注意消除工作台丝杠和螺母间隙对移动尺寸的影响。

（2）测量对中心。装夹工件后,在钻夹头内夹持铣刀或圆棒,用直角尺和游标卡尺测量工件侧素线至铣刀或圆棒圆周面间的距离,使工件两边相等（$A = A'$）,即可对好中心,如图 3-75 所示。然后,将横向进给机构紧固。

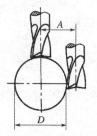

图 3-74　按侧素线调整中心

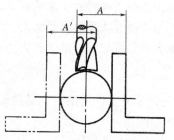

图 3-75　测量对中心

（3）工件外圆直径尺寸变化对键槽中心位置的影响。用 V 形铁定位装夹工件时，可在卧式铣床上用盘形槽铣刀铣削键槽，或在立式铣床上用键槽铣刀铣削轴上键槽。若已经对好中心，则能保证键槽两侧和工件中心的对称度。工件外圆直径的制造公差只影响键槽的深度，如图 3-76（a）所示。

在卧式铣床上安装键槽铣刀加工键槽，或在立式铣床上安装短刀轴用盘形槽铣刀加工键槽时，工件外圆直径的制造公差不但影响键槽的深度，还会影响键槽两侧与工件中心的对称度，如图 3-76（b）所示。

由以上分析，用 V 形铁装夹法加工轴上键槽时，一般应采用图 3-76（a）所示的加工方法。

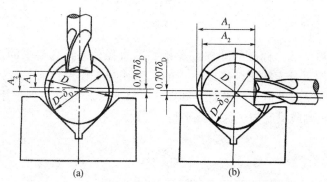

图 3-76　工件外圆直径尺寸变化对键槽中心位置的影响

（a）立铣铣削；（b）端铣铣削

5. 用盘形槽铣刀铣削长轴上的键槽

1）工件的装夹方法

在 $\phi20 \sim \phi60$ mm 的长轴上铣削键槽时，可将工件用工作台中央 T 形槽的倒角定位，用压板夹紧在工作台台面上，用盘形槽铣刀加工。

2）对中心的方法

为了使所铣键槽的两侧对称于工件中心，铣削时，应使盘形槽铣刀宽度的中心通过工件轴心。常用的对中心的方法有以下两种：

（1）切痕对中心。装夹好工件后，使铣刀宽度的中心大致处于工件的中心，启动机床，使铣刀旋转，在工件上素线处切出一个约等于键槽宽度的椭圆形小平面 B，用肉眼观察使铣刀两侧刃对准椭圆形小平面宽度的两边，则铣刀中心就落在工件中心上，如图 3-77 所示。然后，将横向进给机构锁紧。

（2）测量对中心。装夹好工件后，把直角尺放在工作台面上，使直角尺的尺苗分别靠向工件的两侧素线，用游标卡尺测量铣刀侧面与直角尺尺苗内侧面间的距离 $A = A'$，即可对好中心，如图 3 - 78 所示。然后，将横向进给机构锁紧。

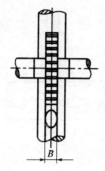

图 3 - 77　切痕对中心

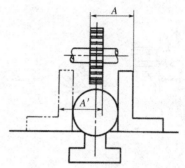

图 3 - 78　测量对中心

3）铣削方法

用盘形槽铣刀铣削长轴上的键槽或半通槽时，深度一次铣成。铣削时将压板压在距工件端部 60 ~ 100 mm 处，由工件端部向里铣出一段槽，如图 3 - 79（a）所示。然后，停止铣刀旋转和工作台进给，把压板移到靠近工件的端部，垫铜皮夹紧工件，如图 3 - 79（b）所示；再启动机床使铣刀旋转，机动进给铣出槽。

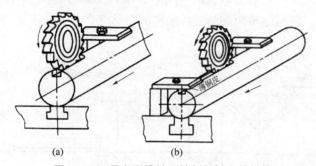

（a）　　　　　　　　　（b）

图 3 - 79　用盘形槽铣刀铣削长轴上的键槽

铣削中应注意压板的位置，铣刀不要碰损压板，较长的键槽可分数次移动压板及工件铣成。

6. 轴上键槽的检测方法

1）用塞规检测键槽宽度

检测时，若塞规的通端能够塞入槽中，而止端不能塞入槽中，即为合格品，如图 3 - 80 所示。

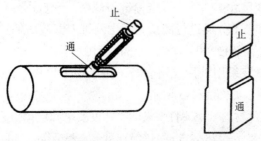

图 3 - 80　用塞规检测键槽宽度

2）用游标卡尺、千分尺、深度尺检测键槽其他尺寸

键槽长度尺寸用游标卡尺检测，键槽深度尺寸可用游标卡尺、千分尺、游标深度尺检测等，如图 3 - 81 所示。

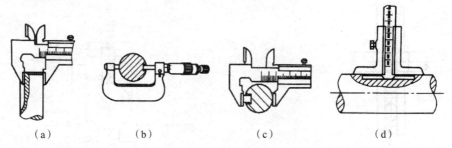

图 3 - 81　测量键槽深度

（a）用游标卡尺测深；（b）用千分尺测深；（c）用游标卡规配合游标卡尺测深；（d）用游标深度尺测深

3）用百分表检测键槽两侧与工件轴线的对称度

检测时，选择两块等高 V 形铁，将 V 形铁放在平板或工作台面上，将工件置入 V 形铁的 V 形面内。选择一块与键槽宽度尺寸相同的塞块塞入键槽内，并使塞块的平面大致处于水平位置。用百分表检测塞块的 A 面与工作台台面平行，记住表的读数，然后将工件转动 $180°$，使塞块的 B 面在上，用百分表检测塞块的 B 面与工作台台面平行，仍记住表的读数，两次读数差值的一半，就是键槽两侧与工件轴线的对称度误差，如图 3 - 82 所示。

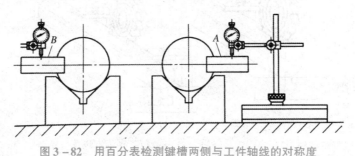

图 3 - 82　用百分表检测键槽两侧与工件轴线的对称度

二、工作步骤

1. 封闭键槽的加工步骤

（1）在工件表面按图样划线。

（2）根据键槽的宽度尺寸 $12_{0}^{+0.07}$ mm 选择铣刀规格。现选用外径为 $\phi12$ mm 的标准键槽铣刀。铣刀的直径应用外径千分尺进行测量。考虑到铣刀安装后的径向圆跳动误差对键槽宽度的影响，铣刀的直径应在 $\phi12.00 \sim \phi12.03$ mm 范围内。

（3）工件装夹方式最好采用轴用虎钳。若采用机用平口钳装夹，应使用 V 形钳口。本例选用轴用虎钳装夹工件，如图 3 - 83 所示。

选择铣削用量，按工件材料（45 钢）、表面粗糙度要求和键槽铣刀的直径尺寸选择和调整铣削用量，现调整主轴转速 $n = 475$ r/min，进给速度 $v_f = 23.5$ mm/min（$f_z \approx 0.025$ mm/z）。

图 3 – 83 装夹轴类工件

（4）对刀。

（5）铣削键槽。铣削时，移动工作台纵向，将铣刀处于键槽起始位置上方，锁紧纵向，垂向手动进给使铣刀缓缓切入工件，槽深切入尺寸为 42.01 – 37.37 = 4.64（mm）。然后采用纵向机动进给，铣削至纵向刻度盘键槽长度终点记号前；停止机动进给，改用手动进给，切削至终点记号位置增加 0.1 mm，停机后垂向下降工作台。

2. 半圆键槽的加工步骤

1）选择铣刀

半圆键槽铣刀如图 3 – 84 所示。现根据键槽的基本尺寸选用外径 $d = 22$ mm、宽度 $L = 6$ mm 的Ⅲ型半圆键槽铣刀。因为槽宽要求较高，所以可用千分尺测量铣刀的宽度是否符合要求。

2）安装铣刀

用铣夹头或快换铣夹头安装，然后用百分表找正铣刀端面圆跳动误差量应在 0.03 mm 之内，如图 3 – 85 所示。找正方法与校正键槽铣刀径向圆跳动相仿。

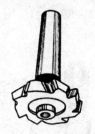

图 3 – 84 半圆键槽铣刀

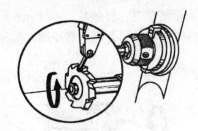

图 3 – 85 找正铣刀端面圆跳动

3）选择铣削用量

调整主轴转速 $n = 190$ r/min，采用手动进给。

4）工件的装夹与找正

（1）装夹工件：一般用机用平口钳装夹工件。安装机用平口钳时，要使固定钳口与横向工作台进给方向平行。将工件两端面装夹在钳口一端，如图 3 – 86 所示。

（2）找正工件：用百分表找正工件上素线与工作台面平行；侧素线与纵向进给方向平行，如图 3 – 86 所示。

5）对刀

（1）调整铣削位置：用金属直尺确定铣刀中心至工件端面距离为20 mm，如图3-87所示；然后垂向微量上升，切出浅痕，用金属直尺或游标卡尺测量工件端面至切痕中间的距离是否等于20 mm，若不符，则调整纵向工作台。

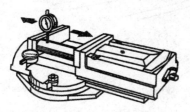

图3-86 装夹工件与找正

图3-87 调整铣削位置

（2）切痕对刀：操作过程与用三面刃铣刀铣削半封闭键槽对刀相同，对刀后将横向及纵向工作台紧固。

6）调整铣削层深度

擦到工件后，垂向升高量 $H = 32 - 26 = 6\,(\mathrm{mm})$。

7）铣削

由于半圆键槽铣刀的铣削面由小到大（图3-88），铣刀强度又较差，所以一般用手动进给铣削。铣削至尺寸后让铣刀空转数转后停机，以提高表面质量。因为刀具刚度较差、排屑困难，所以铣削过程中应冲注足够的切削液。

8）检测

（1）测量槽宽一般用塞规检测，稍宽的槽也可用内径千分尺测量。

（2）测量对称度与键槽对称度检测方法基本相同。

（3）测量槽深时，将圆片（$\phi21\,\mathrm{mm} \times 5\,\mathrm{mm}$）放入槽内，如图3-89所示。用千分尺或游标卡尺测得读数后减去圆片直径即得槽深尺寸。

图3-88 铣削半圆键槽

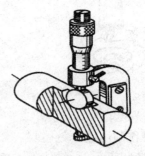

图3-89 测量槽深

3.5.4 项目总结

一、检测与反馈

轴上键槽评价标准，见表3-14。

表 3 –14　轴上键槽评价标准

序号	项目	精度要求	配分	评分标准	检测结果	得分
1	主要尺寸公差	$12^{+0.07}_{0}$	10	超差不得分		
2		$37.5^{0}_{-0.25}$	8	超差不得分		
3		$(20+12)=32$	5	超差不得分		
4	形位公差	⫡ | 0.15 | A	15	超差不得分		
5		⫡ | 0.15 | B	15	超差不得分		
6	表面粗糙度	$\sqrt{}\ Ra\,3.2$（四处）	$5×4$	超差不得分		
7		$\sqrt{}\ Ra\,6.3$（两处）	$3×2$	超差不得分		
8	其他尺寸公差	$6^{0}_{-0.33}$	10	降级不得分		
9		$26^{0}_{-0.21}$	8			
10		20	3			
11	安全文明生产	凡违反操作规程，损坏工具、量具、刃具等， 酌情扣 3 ~ 10 分				
12	合计					

二、质量分析

1. 键槽的质量分析

1）键槽宽度尺寸超差的主要原因

（1）铣刀直径尺寸测量误差。

（2）铣刀安装后径向跳动过大。

（3）铣刀端部周刃刃磨质量差或早期磨损等。

2）键槽对称度超差的原因

（1）目测切痕对刀误差过大。

（2）铣削时因进给量较大而产生让刀。

（3）铣削时工作台横向未锁紧等。

3）键槽端部出现较大圆弧的原因

（1）铣刀转速过低。

（2）垂向手动进给速度过快。

（3）铣刀端齿中心部位刃磨质量不好，使端面齿切削受阻等。

4）键槽深度超差的原因

（1）铣刀夹持不牢固，铣削时被拉下。

（2）垂向调整尺寸计算或操作失误。

2. 半圆键槽的质量分析

（1）铣刀选得不准确。

（2）铣刀端面圆跳动过大。

机械加工技术训练

3. 对称度超差原因

（1）对刀不准。

（2）工件侧素线未找正。

3.5.5 拓展案例

一、拓展练习

根据要求，完成图 3 - 90 所示夹具 V 形铁的铣削加工。

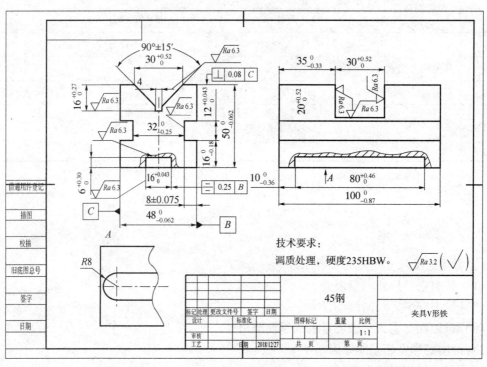

图 3 - 90 夹具 V 形铁

二、注意事项

（1）工件上表面与工作台面一定要平行，工件上表面要找平。

（2）选用机用平口钳，装夹要牢固，避免铣削时的位移。

（3）避免对刀不准确，测量误差。

（4）固定钳口与纵向进给方向要保持平行。

（5）工件装夹时要清理干净，不得有毛刺或脏物。

三、检测与反馈

夹具 V 形铁的评价标准，见表 3 - 15。

表 3-15 夹具 V 形铁的评价标准

序号	项目	精度要求	配分	评分标准	检测结果	得分
1	主要尺寸公差	$48_{-0.062}^{0}$	8	一处超差扣 7 分		
2		$50_{-0.062}^{0}$	8	超差不得分		
3		$12_{0}^{+0.043}$ （两处）	12	超差不得分		
4		$16_{0}^{+0.043}$	8	超差不得分		
5		$90° \pm 15'$，$30_{0}^{+0.52}$	12	超差不得分		
6	形位公差	⊥ 0.08 C	8	超差不得分		
7		⹀ 0.25 B	8	超差不得分		
8	表面粗糙度	$\sqrt{Ra\,3.2}$，$\sqrt{Ra\,6.3}$	12	降级不得分		
9	其他尺寸公差	$16_{-0.18}^{0}$ （两处），8 ± 0.075	4	超差不得分		
10		$32_{-0.25}^{0}$	2	超差不得分		
11		$10_{-0.36}^{0}$，$80_{0}^{+0.46}$	6	超差不得分		
12		$6_{0}^{+0.30}$，$16_{0}^{+0.27}$，$35_{-0.33}^{0}$	6	超差不得分		
13		$30_{0}^{+0.52}$，$20_{0}^{+0.52}$	4	超差不得分		
14		$100_{-0.87}^{0}$	2	超差不得分		
15	安全文明生产	凡违反操作规程，损坏工具、量具、刃具等，酌情扣 3~10 分				
16	合计					

参 考 文 献

［1］师辉，徐为荣．钳工技能训练［M］．北京：科学出版社，2017.

［2］刘锁林．机械加工技术训练［M］．北京：机械工业出版社，2010.

［3］李新生．机械加工技术基础［M］．北京：机械工业出版社，2010.

［4］王桂莲．金属加工与实训［M］．北京：清华大学出版社，2010.

［5］夏云．机械制造技术［M］．北京：北京理工大学出版社，2017.